4月の新誕生石、モルガナイト。桜を思わせる淡いピンク色が美しい。自然の結晶。画像横幅＝約8cm。

エメラルド（結晶の長さ約1cm）。自然の結晶は端正な六角柱状。コロンビア産。

モルガナイト。カットストーン。12.4カラット。

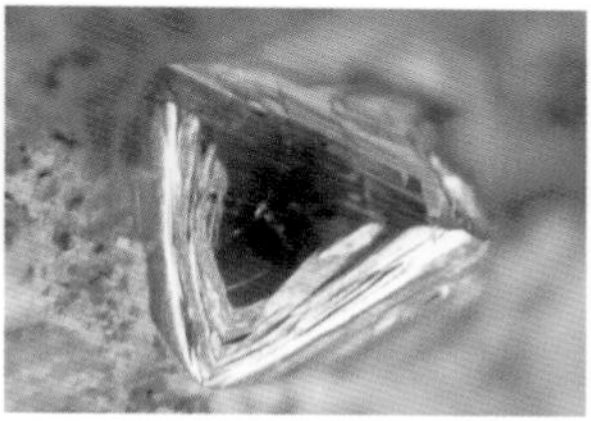

ダイアモンドの自然の結晶。山田隆氏提供。

スミソニアン博物館所蔵　“スパニッシュ・インクィジション・ネックレス”。

糸魚川産ひすい。白色部もひすいで、緑と白のコントラストが美しい。フォッサマグナミュージアム提供。

6月の新誕生石アレキサンドライト（約0.3カラット）の色変わり。（上）電灯光、（下）白色LED光。

7月の新誕生石スフェーン。群生する自然の結晶。ロシア、コラ半島産。画像横幅＝約5cm。

ルビー。結晶の高さ1.2cm。自形結晶であればスピネルと見分けるのはそう難しくはない。

ナチュラルなクリソベリルのカットストーン。1.1カラット。

スフェーンのカットストーン。0.73カラット。

8月の新誕生石スピネルの自然の結晶。大きさ4-8mm。スピネルはダイアモンドと同じ正八面体の結晶で、ルビーとは全く形が違う。ミャンマー、モゴック産。

大英帝国の王冠（インペリアル・ステート・クラウン）。正面の赤い大粒の宝石が、「黒太子ルビー」。

可憐な若葉色のペリドット カットストーン。アリゾナ産。合計7.8カラット。

玄武岩の中のペリドタイト・ノジュール。スペイン、カナリア諸島産。画像横幅＝約7cm。

スミソニアン博物館の至宝「ローガン・サファイア」。423カラット。

サファイア結晶。スリランカ産。大きさ約1cm。

大粒のペリドット カットストーン。パキスタン産。18.5カラット。

9月の新誕生石クンツァイトの自然の結晶。見る方向によって色が変わる「多色性」が著しい。柱状結晶の（上）正面、（下）側面。アフガニスタン産。結晶の長さ＝約5cm。

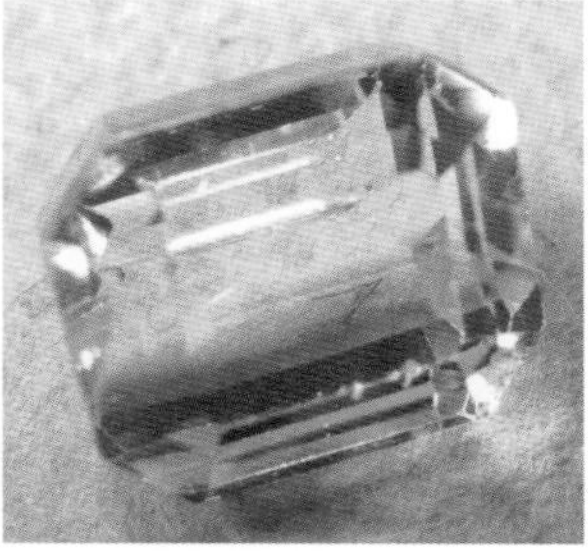

クンツァイト カットストーン。5.3カラット。

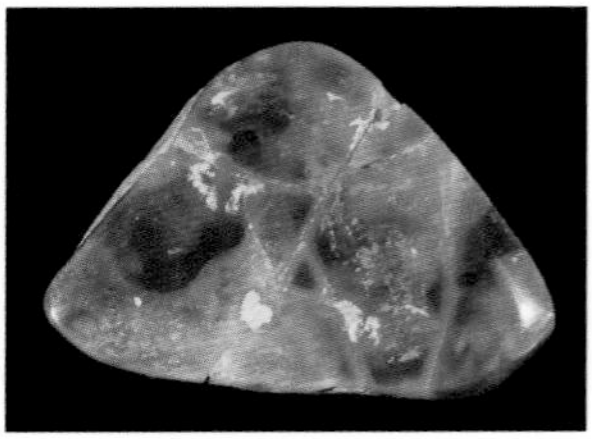

オーストラリア産プレシャス・オパール。標本横幅＝約5cm。

多彩なメキシコ・オパール。画像横幅＝約10cm。

パライバ・トルマリン。よく知られている青色のトルマリン「インディコライト」と全く違う鮮烈な青が特徴。0.18カラット。

トルマリンのカラー・バリエーション。画像横幅＝約15cm。

インペリアル・トパーズ。結晶の長さ＝約2.5cm。

ナチュラルなブルー・トパーズ。結晶の長さ＝約6cm。

ある種の花崗岩の中のジルコン結晶。12月の新誕生石。結晶の一辺＝約1cm。

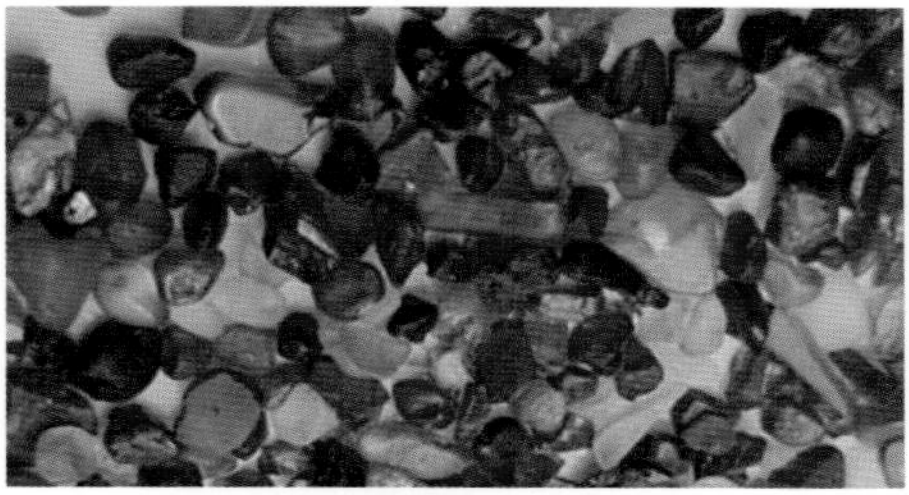

色様々なジルコン砂鉱。画像横幅＝約5cm。

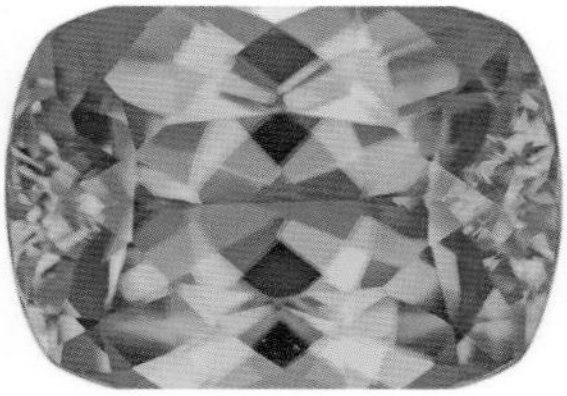

ジルコンのカットストーンでのエッジが重複して見えるダブリング現象。

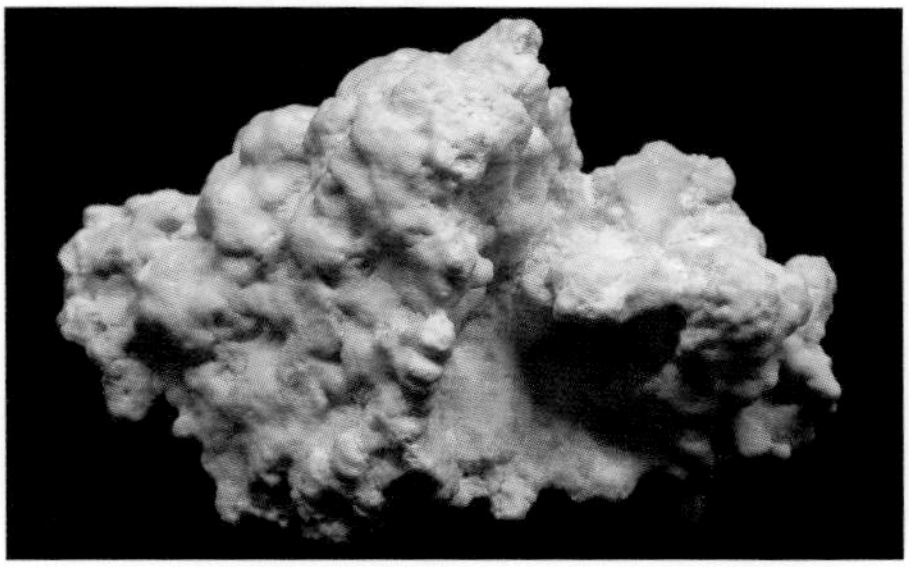

アリゾナ州スリーピング・ビューティー産トルコ石。標本横幅＝約7cm。

タンザナイトとツァボライト（緑のガーネットの一種）の関係がわかる標本。標本サイズ約4cm。

トルコ石のスパイダー・ウェブ組織。石の長さ約1.5cm。

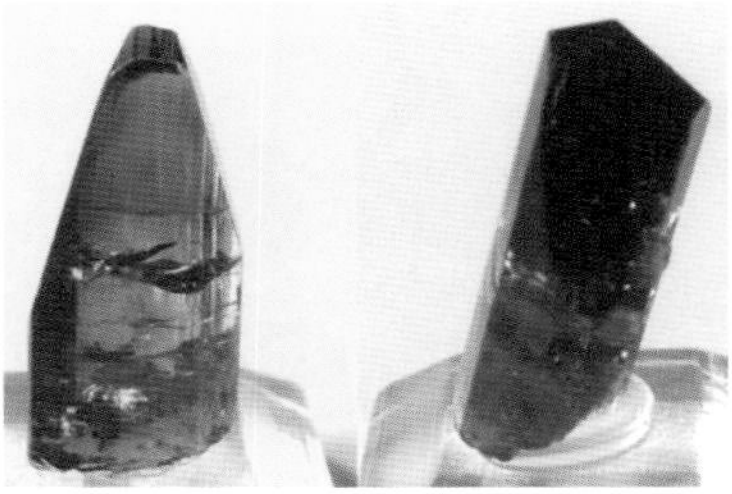

12月の新誕生石タンザナイトの多色性。結晶の長さ約2cm。

ナポレオンI世皇妃マリー・ルイーズのトルコ石の宝冠。スミソニアン博物館収蔵。

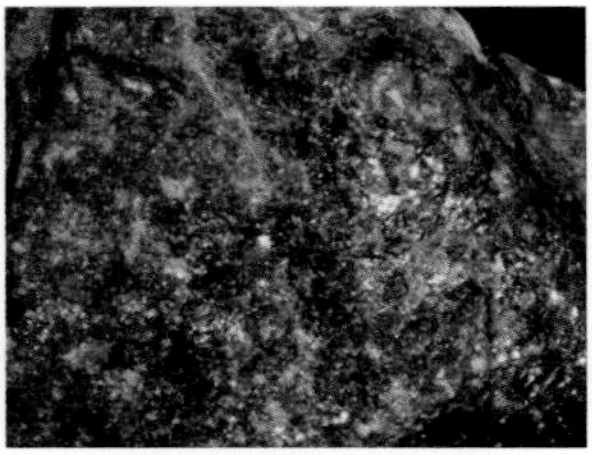

ラピスラズリ原石。金色の黄鉄鉱を伴う。画像横幅＝約3cm。

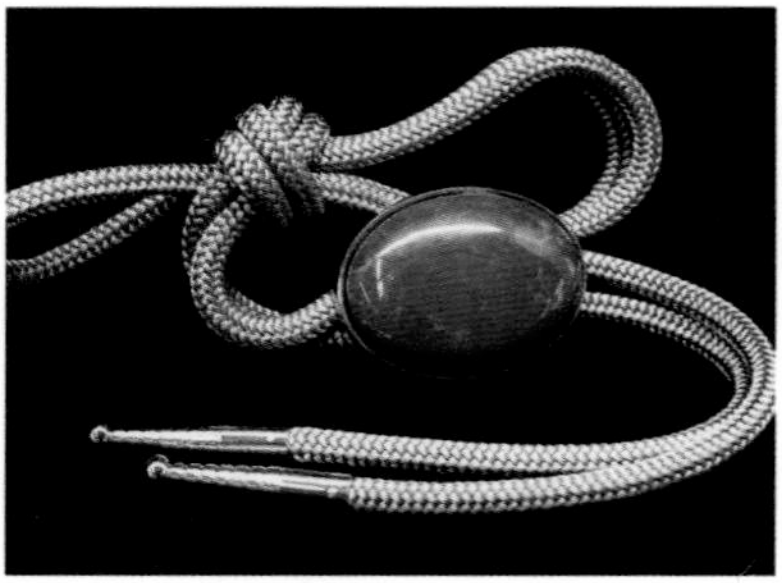

ラピスラズリの装飾品。画像横幅＝約18cm。

水晶の上に群生するガーネット。パキスタン産。画像横幅＝約4cm。

カットストーンに見るガーネットの多彩な色。

アルマンディン、14.4カラット。

ロードライト、1.55カラット。

スペサルティン、0.85カラット。

カラレス・グロシュラー、0.67カラット。

黄色のマリ・ガーネット、0.86カラット。

デマントイド、0.55カラット。

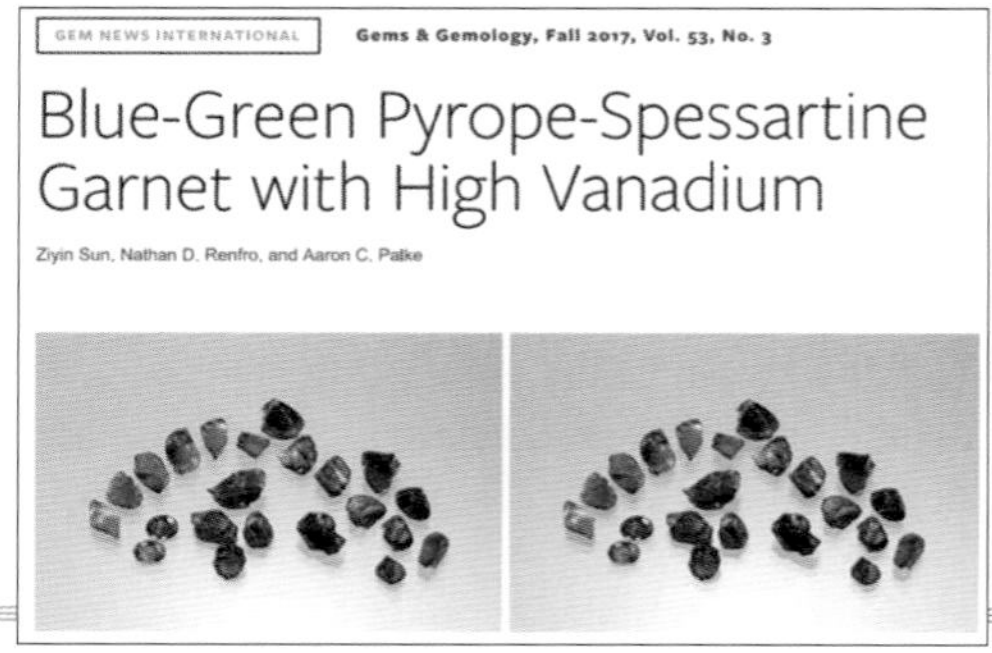

GEM NEWS INTERNATIONAL　Gems & Gemology, Fall 2017, Vol. 53, No. 3

Blue-Green Pyrope-Spessartine Garnet with High Vanadium

Ziyin Sun, Nathan D. Renfro, and Aaron C. Palke

青系のガーネットの発見を伝えるGIA機関誌の記事
(Gems & Gemology, 2017, Vol.53, no.3)

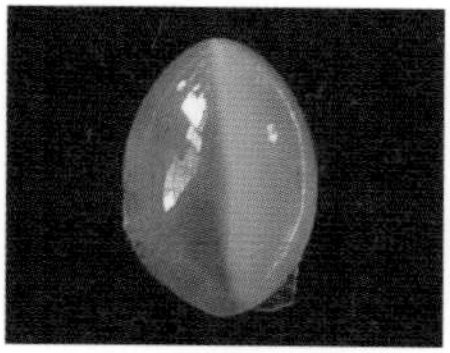

2月の新誕生石クリソベリル・キャッツアイ。スリランカ産、0.4カラット。

ムーンストーンのカボション（磨き石）。透明度と色合いは結構多様。画像横幅＝約8cm。

ブルー・ムーンストーンの原石。メキシコ産、画像横幅約5cm。

虎目石。繊維状組織が見える原石。画像横幅＝約6cm。

左の原石を磨いたカボション。石の長さは手前が約1.5cm、奥が約2cm。

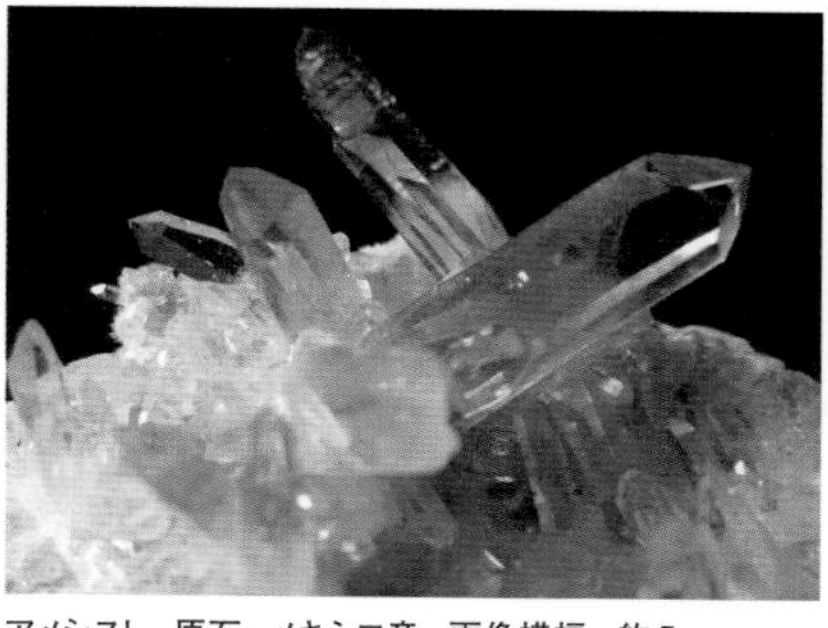

アメシスト。原石。メキシコ産、画像横幅＝約5cm。

アメシスト。大粒のカットストーン。20.5カラット。

3月の新誕生石ブラッドストーンの磨き石。画像横幅＝約5cm。

色も組織も様々なジャスパー。画像横幅＝約8cm。

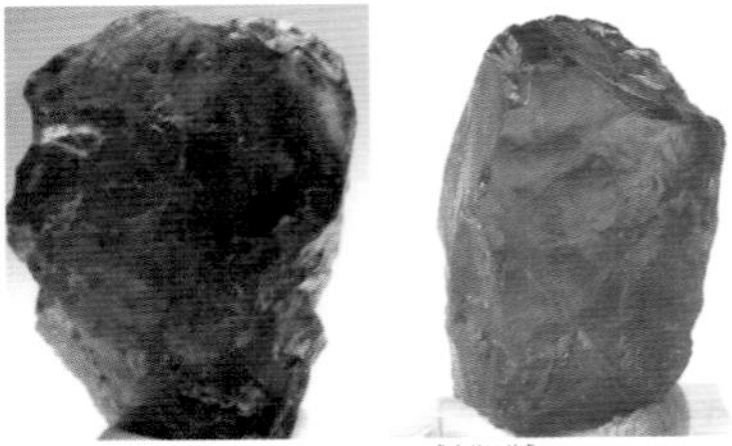

3月の新誕生石アイオライト（菫青石《きんせいせき》）。多色性はこんなに極端。結晶の長さ＝約2.5cm。

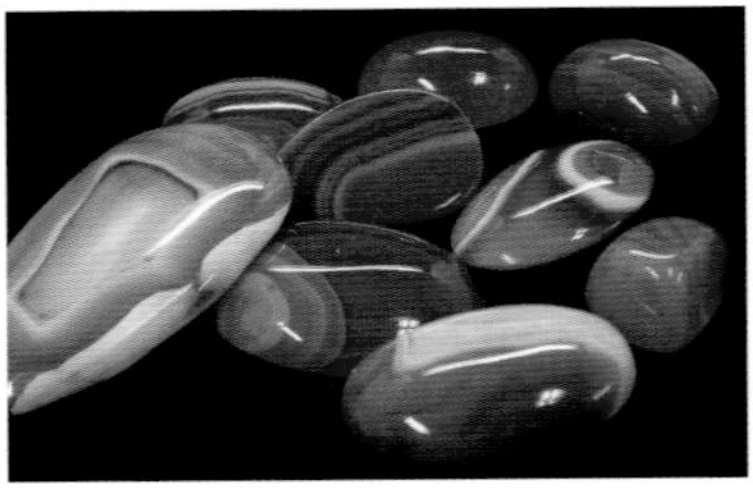

サードニクスは、ジャスパーの近縁。こちらも色・組織が多様。画像横幅＝約10cm。

アイオライト カットストーン。伸びた方向に多色性による淡褐色がのぞく。0.82カラット。

アクアマリンのカットストーン。透明度が素晴らしい。12.4カラット。

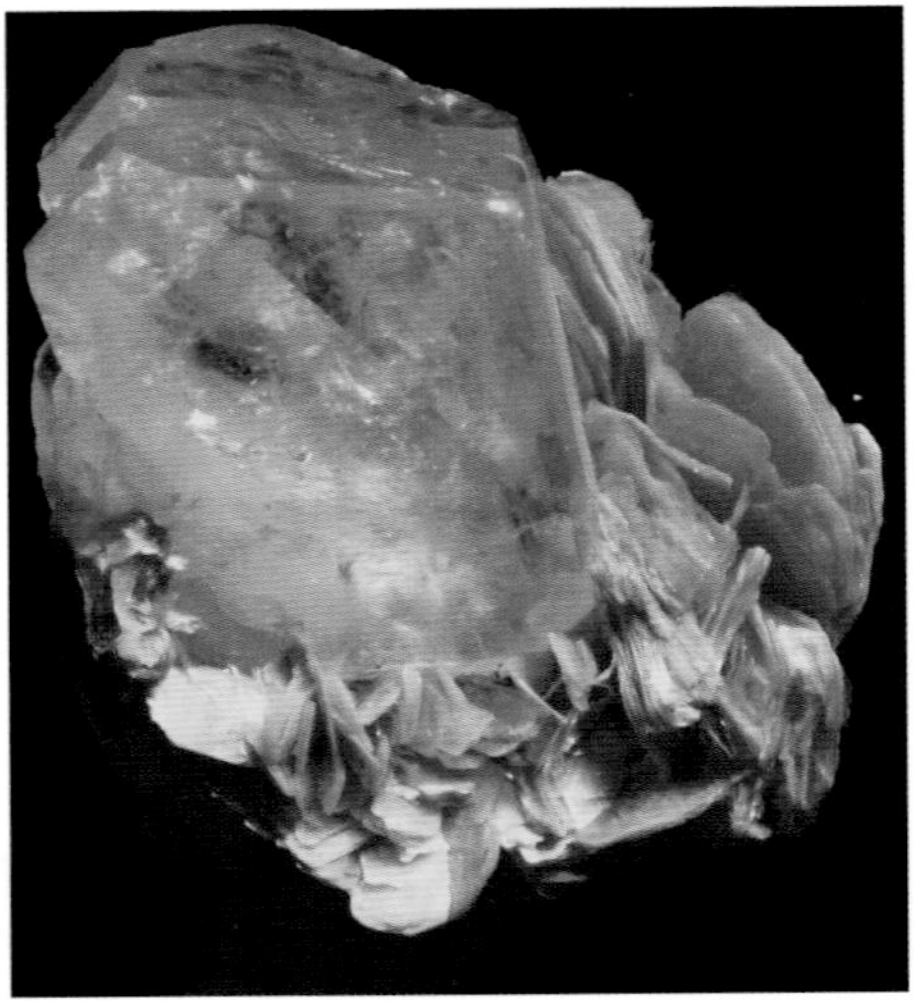

アクアマリン。板状の白雲母の上に育つ結晶。中国産、画像横幅＝約5cm。

深《ふか》掘《ぼ》り誕生石

宝石大好き地球科学者が語る鉱物の魅力

奥山康子［著］

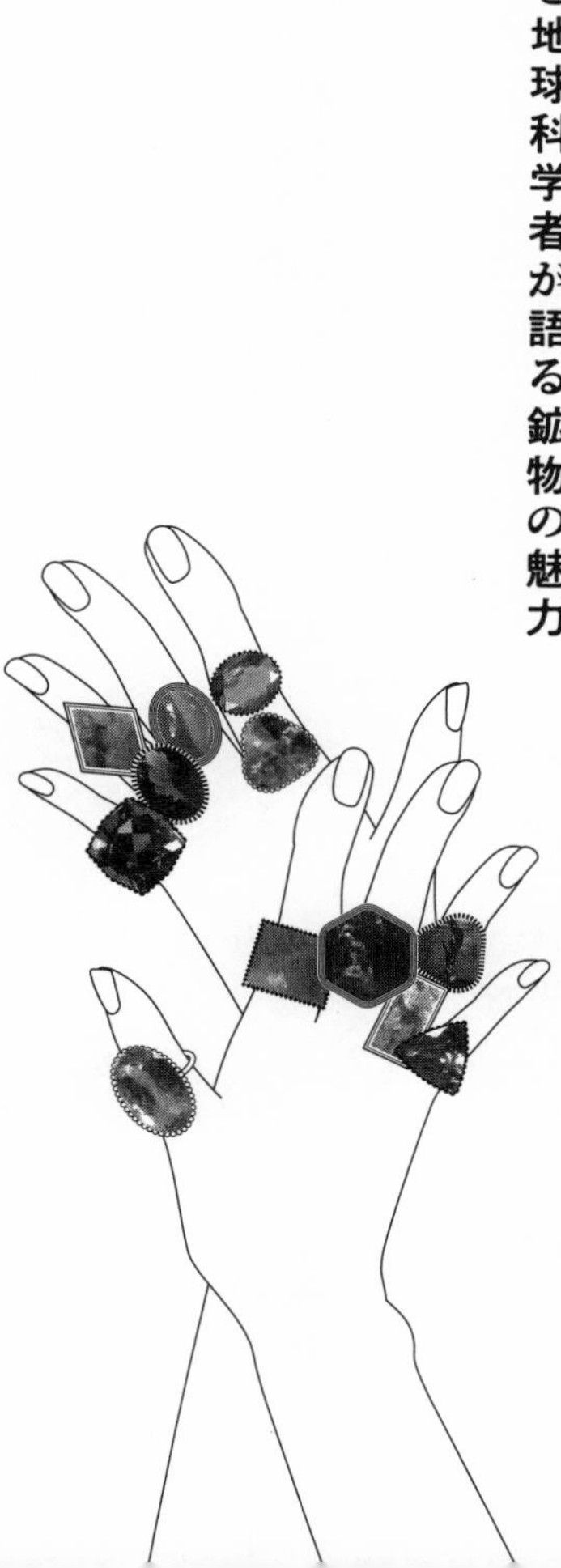

築地書館

はじめに

二〇二一年十二月二十日、日本の誕生石に新たに一〇種類の宝石が仲間入りしました[1]。

誕生石は、生まれた月ごとに定められた宝石のことです。ルーツは旧約聖書の時代にさかのぼるともいわれますが、直接結びつきそうな風習は、十八世紀ごろのヨーロッパで経済的に大きな力を持っていたユダヤ人コミュニティーで、婚約した女性に生まれ月にちなんだ宝石の婚約指輪を贈っていたことにあるようです。誕生石はこうした伝統を背景にして、一九一二年八月にアメリカのカンザス・シティーで開催された米国宝石組合大会で、現在広く知られるように決められました。アメリカの誕生石は一九五二年に改定されましたが、日本では改定版をもとに日本独自の要素を加えて、一九五八年に全国宝石商協同組合（現・全国宝石卸商協同組合）が決定・公表しています。この年は、日本と連合国側との講和条約の調印から七年後、そして朝鮮戦争終結から五年後にあたります。日本は法的な敗戦処理を終え、高度経済成長を目前にしていました。

今回の誕生石の改定は、それ以来実に六十三年ぶりとなっています。改定には全国宝石卸商協同組合の他、日本ジュエリー協会と山梨県水晶宝飾協同組合が加わり、業界の意気込みが伝わってきます。

六ページに、従来の誕生石と今回仲間入りした一〇種類の石をあわせてまとめました。よく聞く宝石もありますが、あまり聞かない石も結構ありますね。新しい誕生石はジュエリー界で大きな話題になりましたが、そちらの世界でさえ「どんな石なの？」という問い合わせが殺到したと伝えられるものもあり、また、国内在庫が限られていて品切れする石も続出したと報じられました。

では、本当にどんな石たちなのでしょうか？　興味ありますね。

私は、現在は独立行政法人化された旧・地質調査所という国立研究所で、地球の固いところを作る鉱物を使い、そんな場所を人々の暮らしにかかわる課題の解決のために利用する研究と研究開発の仕事をしてきました。こういった仕事の傍らで研究所付属の「地質標本館」という一種の博物館で、鉱物の素晴らしさをお伝えする仕事もしてきました。地質調査所は二十世紀末の行政改革を経て、国立研究開発法人 産業技術総合研究所（産総研）の地質調査総合センターとして現在に至っています。形は変わっても所内の人々の地球に対する「愛」は一貫していて、その一端はＮＨＫの人気番組「ブラタモリ」に時々登場する、現在の職員の人たちの姿から垣間見ることができようかと思います。

宝石は、あまたの鉱物から選び抜かれた——多くは歴史的選抜を経た——鉱物界のエリートたちです。美しさと希少性に加え、容易に傷ついて美しさが損なわれぬ堅牢性を兼ね備えた鉱物だけが、宝石に値します。鉱物とは、地球の固いところを構成するパーツで、地球を人体にたとえるなら細胞にあたる基本単位です。鉱物の集合が岩石で、これも人体にたとえれば筋肉や骨などの組織や器官にあたります。鉱物の種類は現在六〇〇〇種近くに上りますが、それらを知れば知るほど、宝石に選ばれた鉱物たちはあらためて素晴らしいと思わずにいられません。

新しく誕生石に仲間入りした宝石鉱物たちは、どんな個性を持っているのでしょうか？　それらを順にご紹介したいと思います。ただ、新しい誕生石が置かれていない月もありますし、従来の誕生石の素晴らしさもぜひお伝えしたいところです。本書では、新しい誕生石を中心に、誕生石に選ばれた宝石たちの科学的な姿をお伝えします。従来の誕生石も取り上げるものの、真珠とサンゴという生物がかかわる宝石は除きます。スタートは新しい四月の誕生石「モルガナイト」にしましょう。従来の四月の誕生石はダイアモンド。それと並び置かれても負けずに輝くモルガナイトは、いったいどんな宝石なのでしょうか？　さあ、扉を開けてみましょう。

	従来の誕生石	新しい誕生石
1月	ガーネット	
2月	アメシスト	キャッツアイ
3月	アクアマリン サンゴ	ブラッドストーン アイオライト
4月	ダイアモンド	モルガナイト
5月	エメラルド ひすい	
6月	真珠 ムーンストーン	アレキサンドライト
7月	ルビー	スフェーン
8月	ペリドット サードニクス	スピネル
9月	ブルー・サファイア	クンツァイト
10月	オパール トルマリン	
11月	トパーズ	
12月	トルコ石 ラピスラズリ	ジルコン タンザナイト

深掘り誕生石 目次

第三章
秋

第四章
冬

終章　春めぐり来て

口絵　p1 Wikimedia Commons *Spanish Inquisition Necklace*
P2 Wikimedia Common *Imperial State Crowns*
P3 Wikimedia Commons *Logan Sapphire with diamonds*
P5 Wikimedia Commons *Marie Louise Diadem*
カバー、表紙、章扉、見出し図版　J.G.Heck：*The Complte Encyclopedia of Illustration*, Gramercy, 2003.

第一章
春

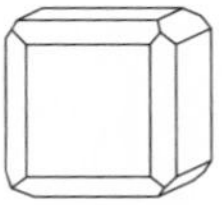

April
四月

モルガナイト

クンツ博士

新しく四月の誕生石に選ばれたのは、「モルガナイト」です。淡いピンク色が愛らしい宝石です。

もともとの四月の誕生石は、ダイアモンド。誰もが認める宝石の王様です。ですからこの月には、他の宝石が並んで誕生石として置かれるということはありませんでした。五月のエメラルドに並んでひすいを置くようなことは、なかったわけです。

ここになぜモルガナイトを置いたのか？　日本に住む人なら想像がつくのではないでしょうか。この月の花「桜」のイメージに重なる石の色合いこそが、セレクションの理由でしょう。これはいかにも日本的な理由のようではあります。しかし四月は、北半球の多くの国々が厳し

六角厚板状のモルガナイト結晶。標本横幅約 6 cm

い冬の寒さから解放される月でもあります。ホッと心を和ませてくれるモルガナイトの淡い暖かい色は、日本でのセレクションを超えて広く受け入れられるのではないかと、私はひそかに期待しています。

モルガナイトの代表的な色は淡いピンク色ですが、その周辺の色も許されています。紫に寄った淡いライラックでも、杏子《あんず》を思わせるピンキッシュ・オレンジも、モルガナイトにはあり得ます。

この淡く優しい色からモルガナイトは、女性らしさを象徴する宝石とされ、宝石言葉は無償の愛といわれています。

淡いピンク色のモルガナイトには、実

は宝石界の兄弟がたくさんいます。ここで兄弟と呼ぶのは、同じ種類の鉱物であるという意味です。鉱物とは、天然自然の力でできた無機物の結晶です。無機物限定という定義は、鉱物の科学が進んで少し変わってきましたが、鉱物界が圧倒的に無機物の世界であるのは確かです。

鉱物広範の性質でもある「結晶」とは、物質を構成する原子が三次元的に規則正しく並んだ状態を指します。内的な規則性に合わせ、結晶は外形もきちんとした幾何学的な形になるのが普通です。多くの面で囲まれた外的な規則性から、結晶を分類する「晶系」という考え方が生まれました。天然自然の力でできる結晶の幾何学的な美しさは、やがて宝石に人工的な面を与える「カット」という技法の開発につながります。カットストーンの外形は、もともとの結晶の形を生かすこともあるものの、結晶本来の形とは別の物であり、多くの場合は宝石鉱物の美点を大きく引き出す効果があります。

モルガナイトの兄弟には、誕生石に限っても、三月のアクアマリン、そして五月のエメラルドがあります。なんと三、四、五月と、モルガナイトとその兄弟が誕生石の列に並んでいるのです！ これらはみな、「緑柱石」という同じ種類の鉱物です。緑柱石は日本語名（和名）で、英語ではベリルと呼びます。本書ではベリルという呼び名を使うことにしましょう。ベリルは、普通は正六角形の柱のような形で産します。こんな形になる結晶のグループを「六方晶系」と呼んでいます。

モルガナイトは、二十世紀になってようやく発見された新しい宝石です。一九〇二年、アメリカ、ティファニー社の上級技師ジョージ・フレデリック・クンツ博士は、カリフォルニア州サンディエゴ郡のペグマタイトを調査していました。[1] 彼はいわゆるギフテッドで幼少のころから鉱物収集に打ち込み、コレクション点数は十歳のころには四〇〇〇点を超え、しかもそれがミネソタ大学に買い上げられるほどでした。大学進学の年齢になって芸術系の学部に入ろうとしたのですが、入学の許可が出るころにはすっかり興味を失い、結局進学しなかったという逸話が残っています。[2] そんな彼の、鉱物学についての才能と美的センスを見出した当時のティファニー社の社長チャールズ・ルイス・ティファニーは、彼を技術上の右腕として採用し、宝石鉱物の探索を全面的にサポートしたのです。ティファニーがのちに高級宝石店としてのプレステージを獲得する土台は、クンツ博士とチャールズ・ルイスの協働にあるといってよいでしょう。

クンツ博士が調査していた「ペグマタイト」とは、石材に使われる花崗岩（御影石）の拡大コピーのような岩石です。花崗岩を作っているのと同じ鉱物が、数センチメートルから場合によってはメートル級のサイズまで大きく育っています。隙間の多い岩石で、そこでは鉱物たち

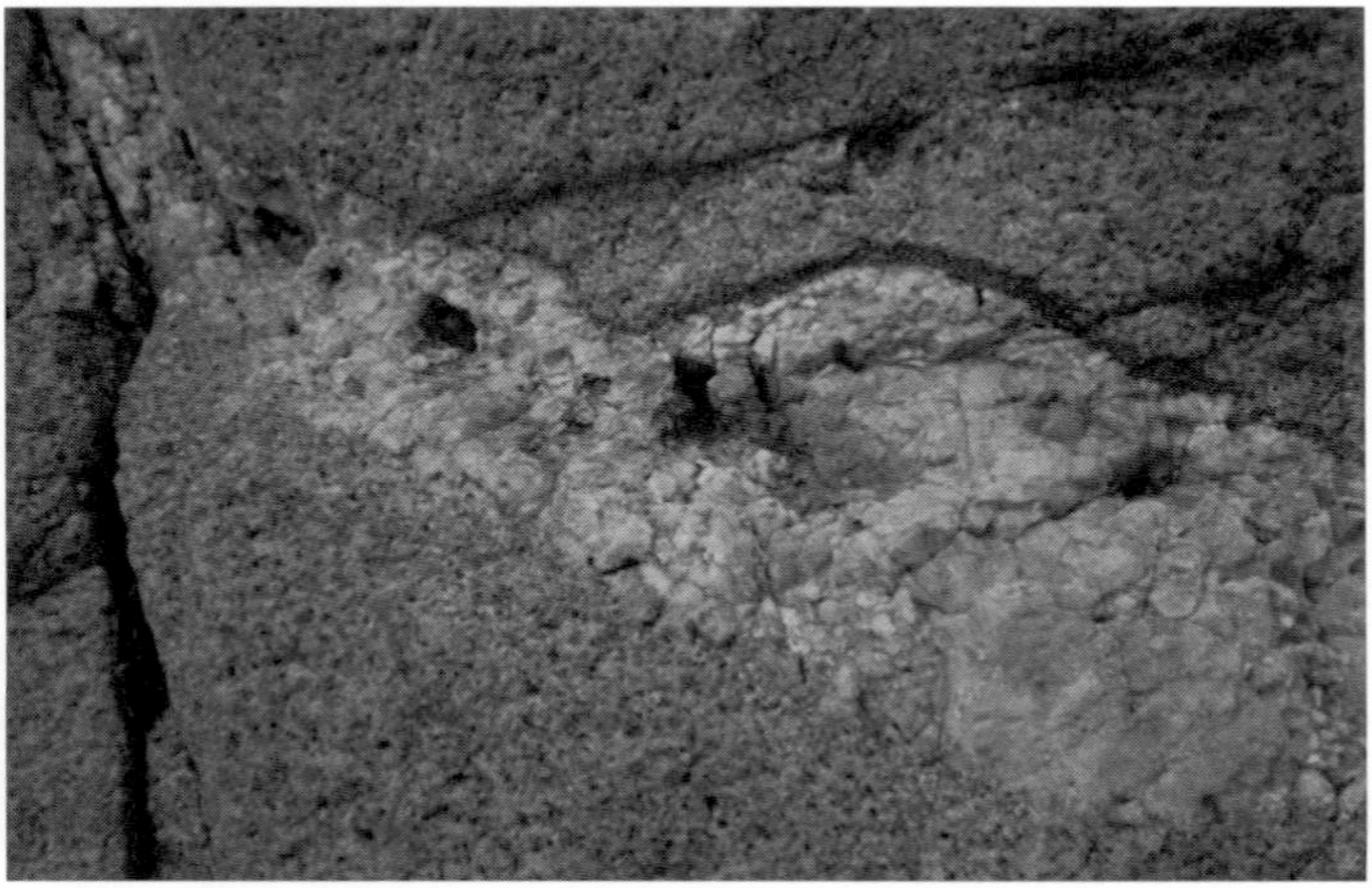

ペグマタイト岩脈（中央)。岐阜県苗木地方。画像横幅=約60cm

ペグマタイト岩脈の空洞に群生する自形のカリ長石（明色）と煙水晶（暗色)。岐阜県苗木地方。画像横幅＝約10cm

が本来の形、つまり自形結晶をなしてのびのび育っています。花崗岩にはごく微量しか含まれず、したがって独立した鉱物を作らない元素が濃集していることもペグマタイトの大きな特徴で、ベリルを作る元素であるベリリウムもそんな元素の一つです。このためベリルは、よくペグマタイトに出てくるのです。

サンディエゴ郡のペグマタイトでクンツ博士は、ピンク色で透明な二つの未知の鉱物、しかも宝石向きの性質がありそうな鉱物を見つけました。一つはベリルそっくりの六角形の柱のような結晶です。もう一つのピンク色の結晶に至っては謎だらけでした。こちらものちに新しい宝石としてブレイクするのですが、ここはまずピンク色の六角柱に焦点を絞りましょう。

新発見！

新たに見つかったピンク色の六角柱状の結晶は、やはりベリルの仲間でした。しかし、そんな色のベリルはそれまで知られていなかったのです。新発見でした！　鉱物本体としてはすでにベリルとして知られていたので、新鉱物の発見ではありません。それより大事な、宝石として訴えかける力を、クンツ博士は見抜いたのでした。とはいえ、この石を新しい宝石として世に出すには宝石名が必要です。クンツ博士はこのピンク色のベリルに、彼の宝石探索のもう一人の友人であった、J・P・モルガン（ジョン・ピアポント・モルガン）の名をもらい、「モルガナイト」と名づけました。

ベリルは、水晶の成分である珪酸、つまりシリカが骨組みを作っている鉱物です。シリカとは、半導体にも使われる珪素（シリコン）と、空気の四分の一を占める酸素が結びついたもので、一個の珪素原子の周りを四個の酸素原子が四面体の形で取り囲んだ姿をしています。珪素は地球の表層近くでは酸素の次に多い元素です。珪素は他の何とも結びつかない単体としては半導体の材料になるなど面白い特性がありますが、酸素が潤沢な地球の表層近くでは酸素と結びついた酸化物であるほうが安定であり、このため珪酸（シリカ）として存在するのが普通です。シリカが骨格をなす鉱物を「珪酸塩鉱物」と呼び、ベリルもその一員です。普通の石は、

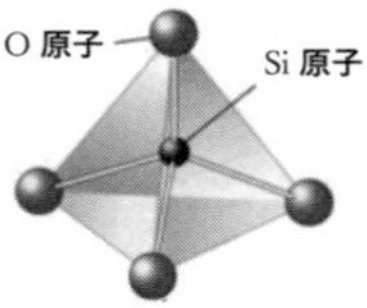

珪酸塩鉱物の基本単位である SiO_4 四面体（本書では「シリカ四面体」と呼ぶ）

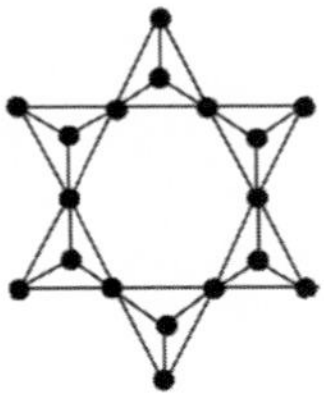

SiO_4 四面体六個からなるベリルの骨格。黒丸は SiO_4 四面体の頂点にある酸素原子を表す。このような骨格を持つ珪酸塩鉱物をサイクロ珪酸塩と呼ぶ

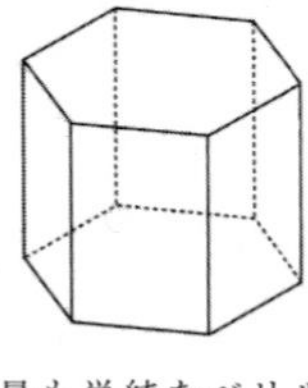

最も単純なベリルの結晶図。正六角柱

何かの珪酸塩鉱物が集まった「岩石」と呼ぶもののかけらです。珪酸塩鉱物は世の中で最もありふれた物といってもよいのです。

珪酸塩鉱物では、シリカの骨格に何か他の金属元素が結びついて鉱物が成り立っています。シリカが単独でいる場合もありますが、互いに結びつきあってしっかりした骨格をなすことのほうが多いです。ベリルでは、六個のシリカが手を取り合った六角形が骨格をなします。ベリルの結晶の六角柱状の外形は、こうした原子レベルでの骨格が姿を現したものなのです。

珪素と酸素からなるシリカの四面体は大きなマイナスの電荷を帯びているため、電気的に中立な鉱物となるには、プラス電荷の「巣」みたいないろいろな金属と結びつく必要があります。ベリルの場合は、アルミニウムとベリリウムが、その役割を果たしています。アルミニウムは地球の表層近くではありふれた元素の一つですが、ベリリウムはそうではありません。ベリリウムの存在度は珪素やアルミニウムより何桁も少なく、まれな元素の一つです。珪酸塩鉱物は地球の表層近くでたくさん見ることができるのにベリルが珍しい鉱物なのは、このためです。珍しいということも、宝石の大事な条件です。

ベリルの名は、「海の水のような青緑色の貴石」を意味する古代ギリシア語「ベリロス」に由来するとされます。ですから、三月の誕生石アクアマリンと五月のエメラルドは古来の定義にかなっていますし、宝石向きではないただのベリルも地味な薄緑色であることが多いので、「ベリロス」といえましょう。この色と、六角形の柱のような結晶外形から、和名が緑柱石となったわけです。

でも、モルガナイトは明らかに「ベリロス」らしくありません。それでもかまわないのです。なぜなら、「色」は鉱物としてのベリルにとって本質ではないからです。

ベリルは本来は、色づく理由のない鉱物です。ベリルを作る珪素も酸素もアルミニウムもベリリウムも、化学的には「典型元素」と呼ばれるグループの元素です。次のページに元素の周期表を載せますが、(3)ここで白地にしているのが典型元素と呼ばれる元素たちです。典型元素の性質の一つとして、そればかりでできている物質は七色の光が混ざった自然光と相互作用して色を現す性質を持ち合わせない、つまり無色になるということがあります。典型元素ばかりでできたベリルは、本来無色であってしかるべきなのです。このことから和名の緑柱石は鉱物本来の性質を表さないと考えられ、鉱物学の世界では使うことが勧められなくなりました。本書でも緑柱石とは呼ばないのは、このためです。

自然界でベリルが、ベリロスの名にふさわしい淡い緑色になるのは、実験室とは違う不純な自然環境で鉱物として育つ間にほんの少し不純物の鉄を取り込んでしまうことが原因です。こ

元素周期表

	1族	2族	3族	4族	5族	6族	7族	8族	9族	10族	11族	12族	13族	14族	15族	16族	17族	18族
第1周期	1 H 水素																	2 He ヘリウム
第2周期	3 Li リチウム	4 Be ベリリウム											5 B ホウ素	6 C 炭素	7 N 窒素	8 O 酸素	9 F フッ素	10 Ne ネオン
第3周期	11 Na ナトリウム	12 Mg マグネシウム											13 Al アルミニウム	14 Si 珪素	15 P リン	16 S 硫黄	17 Cl 塩素	18 Ar アルゴン
第4周期	19 K カリウム	20 Ca カルシウム	21 Sc スカンジウム	22 Ti チタン	23 V バナジウム	24 Cr クロム	25 Mn マンガン	26 Fe 鉄	27 Co コバルト	28 Ni ニッケル	29 Cu 銅	30 Zu 亜鉛	31 Ga ガリウム	32 Ge ゲルマニウム	33 As ヒ素	34 Se セレン	35 Br 臭素	36 Kr クリプトン
第5周期	37 Rb ルビジウム	38 Sr ストロンチウム	39 Y イットリウム	40 Zr ジルコニウム	41 Nb ニオブ	42 Mo モリブデン	43 Tc テクネチウム	44 Ru ルテニウム	45 Rh ロジウム	46 Pd パラジウム	47 Ag 銀	48 Cd カドミウム	49 In インジウム	50 Sn 錫	51 Sb アンチモン	52 Te テルル	53 I ヨウ素	54 Xe キセノン
第6周期	55 Cs セシウム	56 Ba バリウム	LA	72 Hf ハフニウム	73 Ta タンタル	74 W タングステン	75 Re レニウム	76 Os オスミウム	77 Ir イリジウム	78 Pt 白金	79 Au 金	80 Hg 水銀	81 Tl タリウム	32 Pb 鉛	83 Bi ビスマス	84 Po ポロニウム	85 At アスタチン	86 Rn ラドン
第7周期	87 Fr フランシウム	88 Ra ラジウム	AC	104 Rf ラザフォージウム	105 Db ドブニウム	106 Sg シーボージウム	107 Bh ボーリウム	108 Hs ハッシウム	109 Mt マイトネリウム	110 Ds ダルムシュタチウム	111 Rg レントゲニウム	112 Cn コペルニシウム	113 Nh ニホニウム	114 Fl フレロビウム	115 Mc モスコビウム	116 Lv リバモリウム	117 Ts テネシン	118 Og オガネソン

LA ランタノイド	57 La ランタン	58 Ce セリウム	59 Pr プラセオジム	60 Nd ネオジム	61 Pm プロメチウム	62 Sm サマリウム	63 Eu ユーロピウム	64 Gd ガドリニウム	65 Tb テルビウム	66 Dy ジスプロシウム	67 Ho ホルミウム	68 Er エルビウム	69 Tm ツリウム	70 Yb イッテルビウム	71 Lu ルテチウム
AC アクチノイド	89 Ac アクチニウム	90 Th トリウム	91 Pa プロトアクチニウム	92 U ウラン	93 Np ネプツニウム	94 Pu プルトニウム	95 Am アメリシウム	96 Cm キュリウム	97 Bk バークリウム	98 Cf カリフォルニウム	99 Es アインシュタニウム	100 Fm フェルミウム	101 Md メンデレビウム	102 No ノーベリウム	103 Lr ローレンシウム

IUPAC周期表[3]に基づき作図

れは純粋志向の潔癖な性格の人には我慢できないことかもしれませんが、化学的には複雑というしかない自然界で起きることですので仕方ありません。それどころかこういった現象があるからこそ、本来そっけない無色であっただろうベリルが、多彩な宝石として私たちを楽しませてくれるわけなのです。

典型元素だけでできた無色の鉱物に微妙な色づけをしてくれる不純物元素は、鉄、マンガン、クロム、ニッケルなど多種多様です。あれ、どれもメタルじゃない？　そう気づいたあなた、正解です！　こういった金属元素は、イオンの状態で水溶液や化合物の中にいると自然の白色光と相互作用する性質を持つ、特別の「電子」を持っています。この特別な電子を持つ性質が、これら元素に金属としての性質をもたらす背景でもあるのです。これら金属元素は、本来無色の鉱物に微量元素として含まれると、それぞれに特徴ある色を発揮します。モルガナイトの淡いピンク色は、ごく微量のマンガンの賜物です。

クンツ博士がモルガナイトをささげたJ・P・モルガン(4)は、アメリカの富豪です。彼はモルガン財閥の総帥としてアメリカ経済を握っていたことが、経済史の世界では知られています。その財力でクンツ博士の宝石探索をバックアップし、自身も宝石収集家として名をはせていました。クンツ博士が彼にモルガナイトを捧げたのは、宝石収集の盟友としての感謝を込めてであるのは言うまでもないでしょう。

Ｊ・Ｐ・モルガンの名は、ニューヨークに本社を置く「ＪＰモルガン・チェース・アンド・カンパニー」として残り、同社は世界に展開する総合金融サービス企業として現代の金融界の一角を占めています。そちらの世界でＪ・Ｐ・モルガンを知る人のほうが、もしかすると多いかもしれません。

モルガナイトは、その柔らかいピンク色から、女性らしさを象徴する宝石とされています。しかし名前の由来にかんがみると、ひょっとすると金運をもたらす石なのかもしれません。もっとも、一介の研究者である私が言うのでは説得力に欠けるでしょうが。

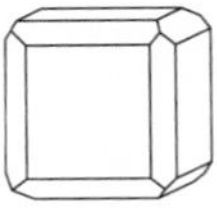

April

四月
ダイアモンド

ブリリアント・カット

四月の誕生石は、モルガナイトが加わるまで、ダイアモンドで決まりでした。五月のエメラルドに対するひすいや、六月の真珠に対するムーンストーンのような、並立する誕生石はありませんでした。

宝石の王といってもよいダイアモンドは、しかし、誕生石のラインナップを眺めると、変わった存在でもあります。他の誕生石たちはどれも個性的な色で私たちを魅了します。一方でダイアモンドは、そっけない無色です。シャンパン・カラーやらファンシー・ピンクやら独特の淡い色合いで愛でられるダイアモンドはありますが、これらも無色のダイアモンドの高い評価があってこそのものです。無色の宝石といえば手近な存在として水晶が思いつきますが、ダ

ダイアモンドの結晶。アンゴラ産。結晶の大きさ＝約4 mm

ブリリアント・カット

イアモンドと水晶とでは評価が天と地ほども違います。水晶はダイアモンドに比べて産出量が多く、簡単に手に入ります。それが評価の違いの原因なのでしょうか？

いいえ、そうではありません。光に対するダイアモンドの特別のレスポンス——これこそがダイアモンドが宝石の王とまで呼ばれる、高い評価の理由なのです。現代的なダイアモンドの魅力は、透明な生地から発する輝きと、石から躍り出る虹色の煌《きら》めき、つまりファイアにあるといっても言い過ぎではありません。これは「ブリリアント・カット」が確立されて、初めて目にすることができたものなのです。(5)

極めて硬く、まれな存在であり、永久に融けない氷のような透明な美しさを体現したダイアモンドは、宝石のカット法が発達するずっと前から、権力の永続性の象徴として王侯貴族が誇りとする宝物でした。宝石たるべき要素のうち、希少性と堅牢性を愛でられていたわけです。ダイアモンドの多くは砂礫から掘り出された透明な塊《かたまり》であったので、それに鉱物の結晶のように多くの面で囲まれた立体の形を与えることができれば、つまりカットを施すことができれば、相当に見栄えが良くなるであろうことは、早くから気づかれていました。しかしダイアモンドは地球上で最も硬い物質。ひっかきに対する鉱物の硬さ（耐性）の標準である「モース硬度」で、最高値の一〇を誇ります。カットを施すことは容易ではありません。ダイアモンド自身の粉を使えば人工的に面を仕立てることができるということがわかってダイアモンドのカット技術が歩みを始めた原点は、十五世紀後期のマクシミリアン大公（のちの神聖ローマ帝国皇帝）の婚約指輪であると伝わっています。(6)

その成果として編み出された「ブリリアント・カット」は、ダイアモンドの魅力をほぼ完璧に引き出すことに成功し、無色のガラスのような塊を眩《まばゆ》い宝石に変身させました。ブリリアン

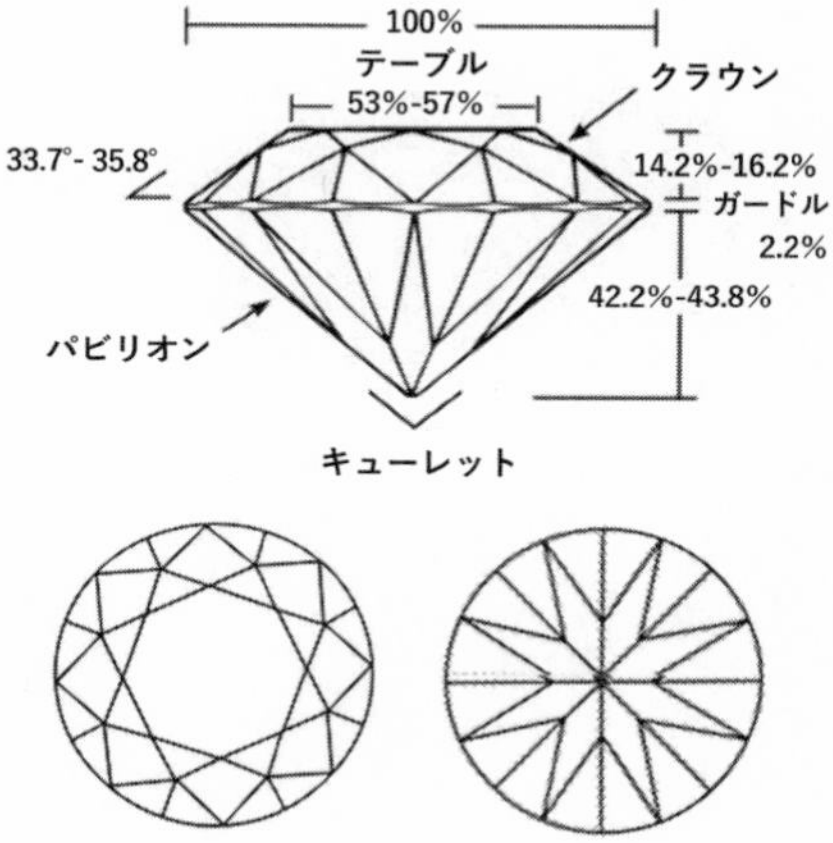

ブリリアント・カットを構成する主要な面の名称とプロポーション。キューレットは形成されない場合もある。下段左：テーブル面側から、下段右：パビリオン側から見た石

ト・カットの源流は十七世紀にさかのぼりますが、完成したのは二十世紀に入ってからです。ダイアモンド加工が地場産業であったベルギーで、技術者マルセル・トルコウスキーが確立したと伝えられています。

ブリリアント・カットは、てっぺんの「テーブル」と呼ばれる大きな面を筆頭に、全部で五七面（「キューレット」と呼ばれる底部の小面を作る場合は五八面）からなります。その特徴は、面の形や角度を厳密に設定することで、石に入ってきた光を最終的にすべて入ってきた方向に――つまり見る人の方向に――戻るようにした点にあります。ブリリアント・カットは、ダイアモンドの光（可視光）に対する性質つまり

光学性を徹底的に研究したうえで、初めて成り立ったものなのです。

光はこの世の中で最も速いものであり、一秒間に地球七回り半に相当する秒速約三〇万㎞のスピードがあると知られています。しかしこのハイ・スピードは真空中を進む場合であり、空気の中、水の中、そして透明な宝石の中を進む場合は真空中より遅く、かつ物質ごとに違った速度になります。そして、光が二つの違う物質を通るときには、進む速度が変化し、これに起因して進路が物質の境界面で折れ曲がる現象が起きます。これが「光の屈折」という現象です。たとえば、半分ほど水を入れたコップの上の空気を、蚊取り線香の煙などでちょっともやっとさせたうえで、レーザー・ポインターの光を通してみると、水面を境として光の道筋が折れ曲がる様子を観察することができます。

光の道筋の折れ曲がりの程度は二つの物質を進む光の速度の比で決まり、これを「屈折率」と呼びます。科学的には物質の屈折率は、問題とする物質の中を進む光の速度と真空中での光の速度の比ですが、後者は一定数であるため、結果として屈折率は物質固有の値になります。実用上は物質中での速度と空気中での速度の比が問題になりますが、真空中の速度による屈折率で話を進めてもあまり影響はありません。

屈折という現象があるため、ダイアモンドの中に入った光はダイアモンドの屈折率に従って

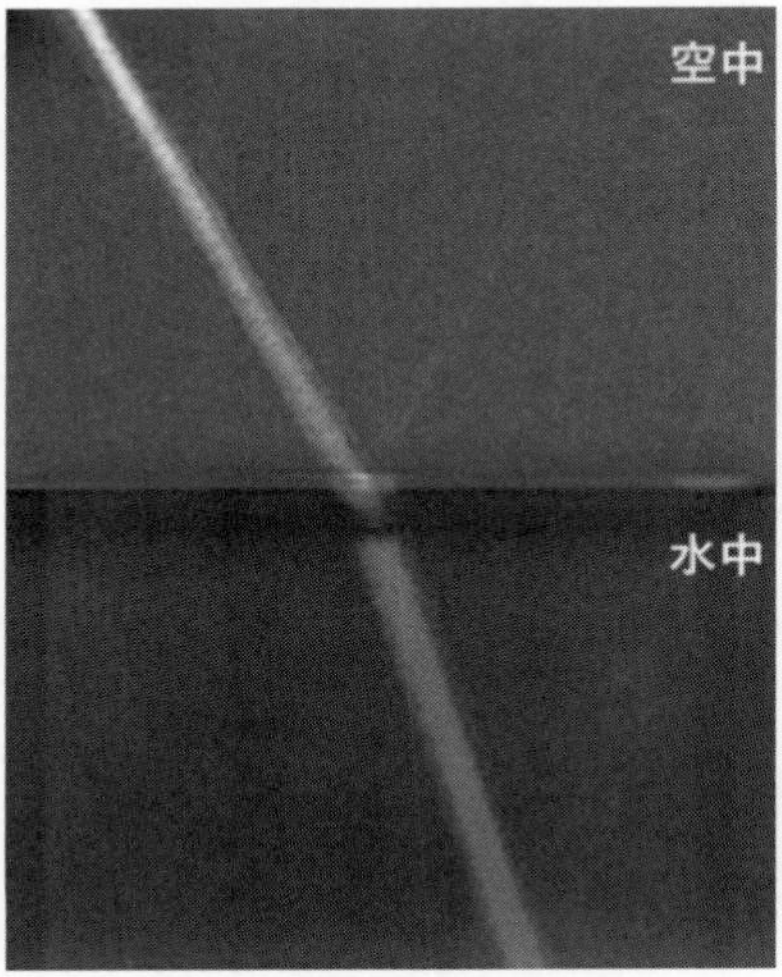

光の屈折実験

曲げられ、進行方向が変わります。ダイアモンドの屈折率は二・四一九五ととびぬけて大きく、光の折れ曲がりはとても大きくなります。

大きな屈折率は別の効果ももたらします。屈折率の大きな物質から小さな物質へ光が通り抜けようとするとき、光が境界に入る角度がある値を超えると、光は境界を通過することなく、結果として全部が反射されるという現象が起きるのです。これを「全反射」と呼びます。屈折率の大きなダイアモンドは、全反射も起こしやすい性質を備えているのです。

物体からあらゆる光が自分の方向に跳ね返ってきたら、それはどう見えるでしょうか？　きっとキラキラ輝いて見えるに違いありません。ダイアモンドのブリリアント・カットは、こういった現象すなわち全反射が起きるように、ダイアモンドの屈折率を考慮してテーブル面を囲む小面「クラウン」や土台となる下半分の面「パビリオン」の形、配置、角度を厳密に計算して導かれたものなのです。開発者マルセル・トルコウスキーは、ダイアモンド研磨の技術者であると同時に、数学の達人であったと伝えられています。(7)

虹色の訳

ところで、初めのほうでダイアモンドの煌めきを「虹色」と表現していたのを覚えておられますか？　虹というのだから、赤から紫に至る七色が見えるだろうと想像できます。でもダイアモンドは無色の石。それなのに七色に煌めいて見えるのは、どうしてでしょうか？

カットストーンの魅力である「煌めき」には、二つの要素があります。一つは、石の中に入ってきた光を見る者の側にできるだけたくさん反射させる能力です。理想的なブリリアント・カットでは、石に入ってきた光は二・四を超える高い屈折率のために、最終的にすべて入ってきた側に跳ね返されます。

ところが、屈折率は光の波長にも依存しているのです。私たちが物を見るのに必要な可視光

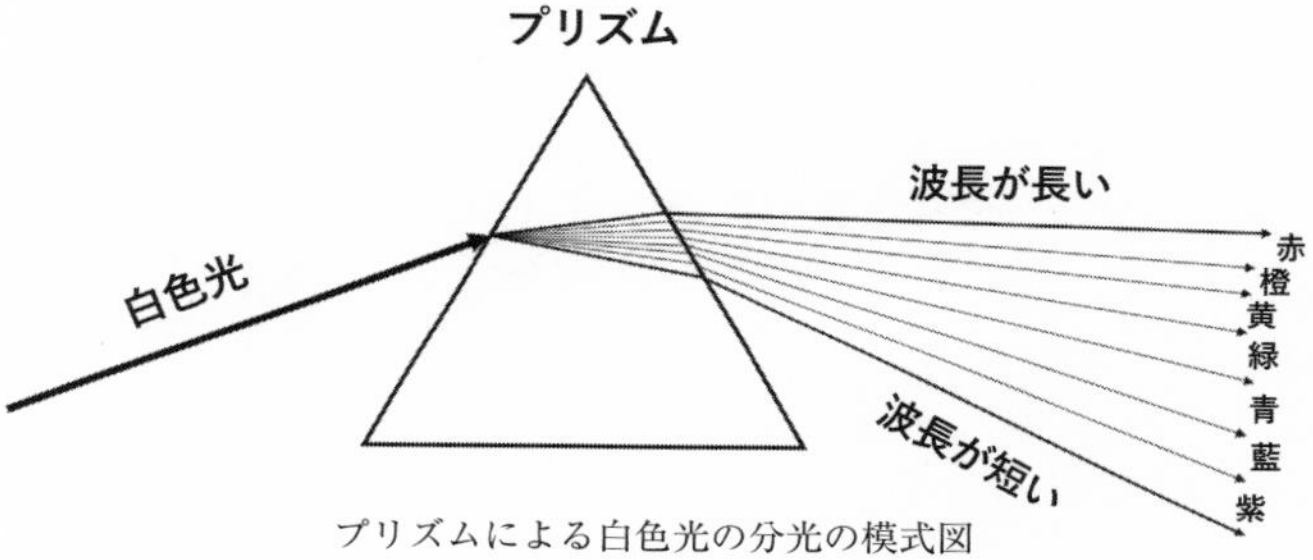

プリズムによる白色光の分光の模式図

は、波長の長い赤から短い紫色に至る光が混じりあったものです。この虹の各色の屈折率が違うために、白色光を三角のプリズムを通すと出た先で虹の七色が見えるわけです。

ガラスのプリズムを通すのと同じ現象はダイアモンドに入る白色光でも起きます。白色光のうちの各色、たとえば赤い光と青い光はダイアモンドの中で少しだけ違った方向に進みます。結果として、白色光として束になってダイアモンド・カットストーンに入っても、入ったところで波長による屈折率の違いから色が分かれたうえで、あっちで曲げられこっちで反射するうちに、最後はかなり違った方向に出ていくということになるわけです。出ていく光はもう白色光ではありません、赤、青、紫など一つ一つの色の光として目に入ります。つまりダイアモンド・カットストーンの様々な方向で、七色の光が煌めくわけです。これこそが虹色の煌めきであるファイアの正体なのです。

太陽光や室内照明に代表される「白色光」を七色の光に分ける

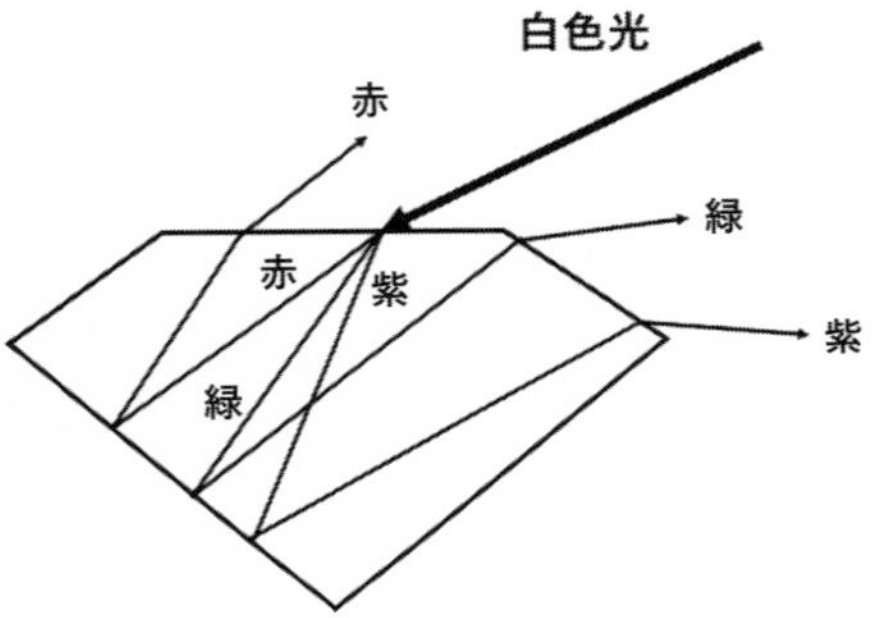

ブリリアント・カットしたダイアモンドでのファイアの発生の模式図。白色光が分光され、色ごとに屈折率が違って進路が別になることが、ファイアの発生する原因

能力を「光の分散」、硬い言い方で「光学的分散」と呼びます。光の分散が起きる原因は、光の屈折率が波長によって異なり、波長の短い光ほど大きくなることによります。可視光については、赤の光と紫の光の屈折率の差が、光の分散にあたります。光の分散という性質があるために、科学の世界で使う光の屈折率はある特定の波長の光に対しての値を使うことになります。光の分散も屈折率と同様に物質ごとに違います。ダイアモンドは分散も〇・四四と、非常に大きな値です。

同じ無色透明でありながらダイアモンドと水晶が天と地ほども評価が違う理由は、希少性もさることながら、白色光に対する振る舞いの違いにあるのです。水晶つまり石英は屈折率が一・五五程度と低いため、ダイアモンドと同じような光の全反射を起こすカットが望めません。光の分散もおおよそ二桁小さく、これではとても虹色のファイアを生み出すことはできません。

氷のような透明感を楽しむだけの水晶に対し、ダイアモンドは光の戯れを楽しむ特別な宝石です。であるからこそ、そっけない無色でもダイアモンドは高く評価されるわけです。このようなダイアモンドの魅力は、光に対するその特性が科学を通じて明らかになって、初めて引き出されたものでもあるのです。

May

五月
エメラルド

　五月には新しい誕生石が選ばれていません。五月の誕生石はこれまでと同様にエメラルドとひすいです。せっかくですから、この二つの宝石も取り上げたいと思います。

　はじめにエメラルドを取り上げましょう。というのも、エメラルドは四月の新しい誕生石モルガナイトと同じく「ベリル（緑柱石）」の仲間だからです。ベリルつながりで行きましょう。

　宝石に用いられるベリルには本当にいろいろな種類があります。ピンク色のモルガナイトは晴れて四月の誕生石に選ばれ、また薄青色のアクアマリンもよく知られる三月の誕生石です。他にも鮮やかな黄色のイエロー・ベリル、明るい黄緑色のヘリオドール、はたまた無色のゴシェナイトと、宝石名のついたベリルの変種はた・く・さ・んあります。

　しかし宝石用ベリルの華は、やはり何といってもエメラルドでしょう。エメラルドこそは、

ロシア、ウラル産エメラルド。画像横幅＝約10cm

古代より多くの貴人に愛されてきた宝石中の宝石です。実際に、色調に優れ、傷や色むらなど欠陥の少ないエメラルドには、同じ重さのダイアモンドをしのぐ価格が付くことがあるといわれます。

エメラルドの宝石言葉は「幸運・幸福・夫婦愛・安定・希望」。先立つ四月の誕生石ダイアモンドの宝石言葉は「純潔」ですが、その次の月の誕生石が夫婦としての絆の安定や幸せをこめた宝石言葉になるとは、なかなかの展開です。この宝石は古来「愛の石」とも呼ばれ、恋愛成就に有効とのいわれがあるのです。だからといって恋愛すべてに有効かというと、浮気を防止する力もあるとされており、つまるところきちんとした関係にある恋人や夫婦の愛を育み、永続を見守る存在であるようです。

宝石名エメラルドは、緑の石を意味するサンスクリット語「スマラカタ」、そしてそれが古代ギリシアに伝わって変化した「スマラグドス」に由来します。エメラルドの個性的な濃緑色は、古代エジプトの王族からインカの皇帝など多くの貴人に愛されましたが、愛の深さにおけるいにしえのチャンピオンといえば、古代エジプトの女王クレオパトラをおいてほかにありません。ネックレスなど装飾品として用いただけではなく、粉にひいて（！）化粧品としても使っていたという伝説があります。こんなことができたのも、彼女が自分の王国にエメラルドの鉱山を持っていたからでした。無駄遣い（？）がたったせいか、アスワン北東にあったという彼女の鉱山は今では産出が絶えてしまいました。

古代から現在まで続くエメラルドの一大産地は南米コロンビアで、インカ文明のころから宝飾利用されていました。ベリルの一種であるエメラルドは、六方晶系独特の正六角柱の結晶になりますが、その中央部に穴をあけてひもを通した素朴なネックレスやペンダントが、この地方の古いエメラルド・アクセサリーの代表的なスタイルです。もちろん王族は、もっと洗練された使い方をしていたようですが。アメリカ、スミソニアン博物館所蔵の「スパニッシュ・インクィジション・ネックレス」は征服者スペインによる十七世紀の作ですが、エメラルド結晶の六角柱をなんとなく円磨しただけで無造作に使うやり方に現地での宝飾利用法がしのばれます。

しかしこのような利用法は理にかなっています。エメラルドの結晶には、中心部が淡色で外側に向かって徐々に色が濃くなる色むらがしばしば存在するのです。この性質を考慮すると、柱方向を強調する使い方は結果的に正しかったでしょう。カットストーンに仕立てる場合も、色の濃い部分がよく見えるように柱方向に四角く長くカットする「エメラルド・カット」が好まれます。カット法に宝石名がつく例も、エメラルドだけです。

同じような長方形に仕立てる宝石カット法に「バゲット」というスタイルがあり、エメラルド・カットはバゲットの角を落とした形にあたります。もうひと手間加えた理由は、エメラルドという宝石自体のもろさにあります。モルガナイトやアクアマリンという他のベリル兄弟に比べ、エメラルドは傷が多く、もろさが際立つ傾向があります。他の鉱物の小粒や気泡・液泡などの包有物も、しばしば認められます。傷や異物は結晶の強度に影響し、このため真の長四角のバゲットでは角から欠けてしまう恐れがあるのです。それを避けるため

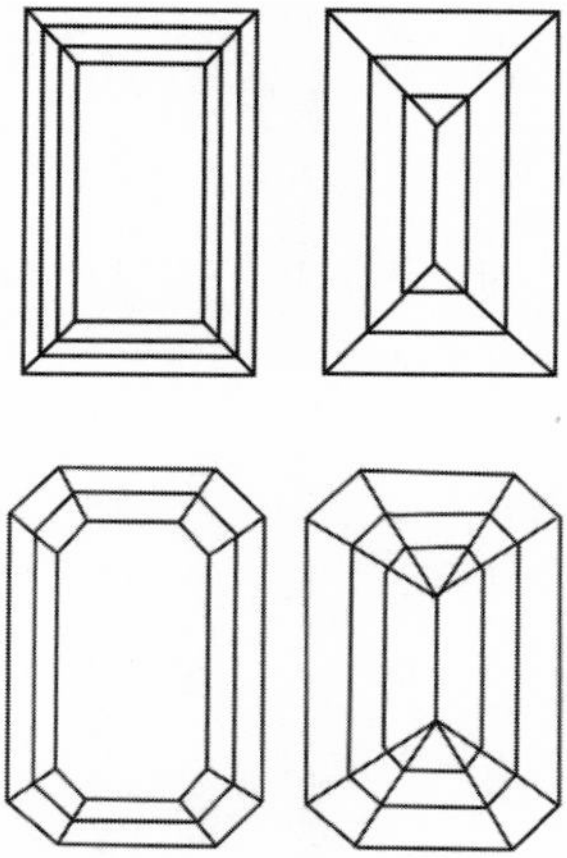

バゲット（上）とエメラルド・カット（下）。ともに左が上から、右が下から見た形

にわざわざ角を落としたのが、ひと手間の理由です。

残念なことに、傷だらけになるのはエメラルドの宿命みたいなものなのです。モルガナイトやアクアマリンといった多くのベリルの仲間は、空隙の多いペグマタイトの自由な空間でのびのび育ちます。このような生育環境なら、結晶が傷ついたり、透明度を落とす小さな包有物を持つことはあまりないでしょう。一方エメラルドは、変成岩の中の鉱物です。変成岩とは、地層の岩石（堆積岩）や一度地表付近で冷え固まったマグマ（火山岩）が、プレート運動が地球表層に起こす変動によって地球深部に持ち込まれ、熱や圧力を受けて形を変えた、地球自身によるリサイクル・プロセスで生まれる——正確には生まれ変わる——岩石のことです。昔から現在までエメラルドの一大産地であるブラジルのミナス・ジェライス州や、古典的な産地になったロシアのウラル山脈では、エメラルドは黒雲母片麻岩という高い温度でできる変成岩を母岩としています。現在最も有名な産地であるコロンビアでは、エメラルドは結晶片岩という変成岩の一種になる手前の揉みしだかれた頁岩《けつがん》に入る、方解石脈にできています。こういった環境は母岩もろとも変形を受ける可能性が高く、このためせっかく育ったエメラルドの結晶が折れ曲がり傷つくことが珍しくありません。モルガナイトやアクアマリンと違って、地球表層のダイナミックな環境下で結晶が育つことから、無傷のエメラルドは極めてまれなわけです。

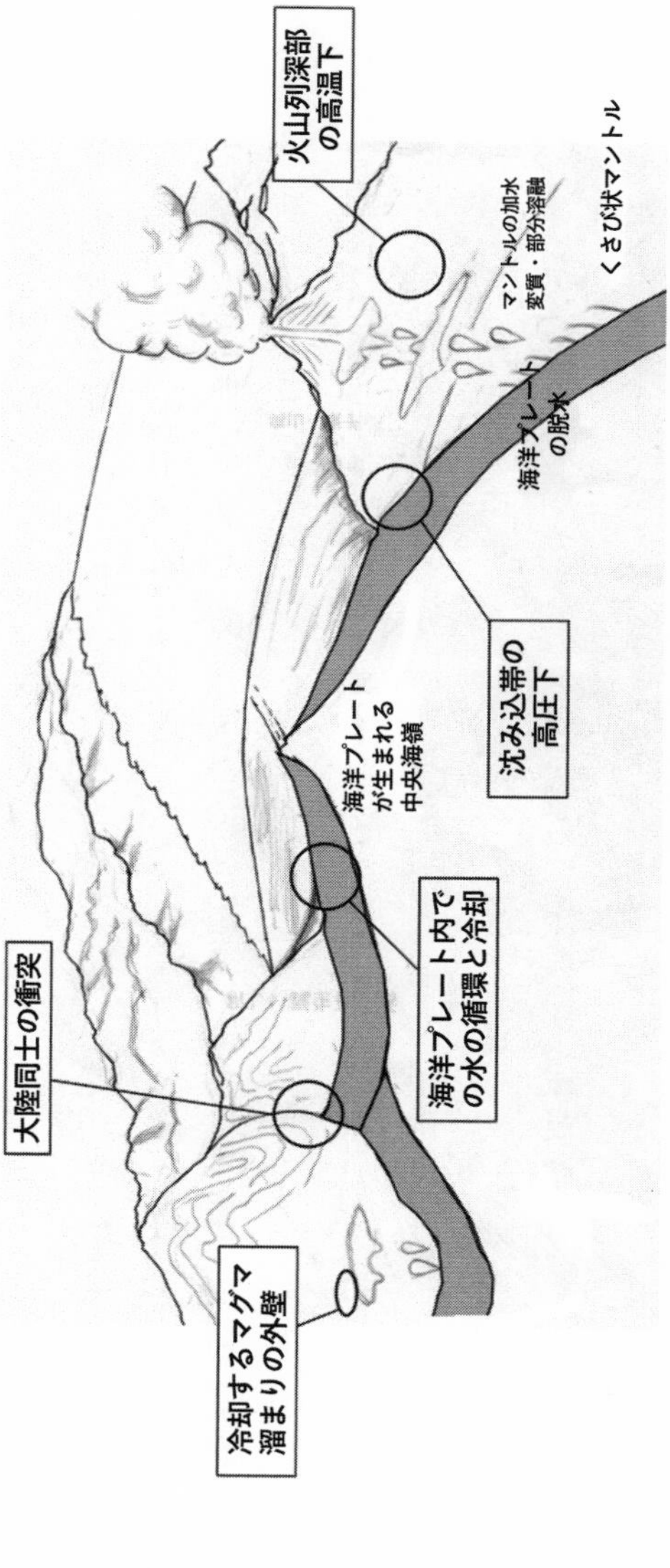
火山列深部の高温下
マントルの加水変質・部分溶融
くさび状マントル
海洋プレートの脱水
沈み込み帯の高圧下
海洋プレートが生まれる中央海嶺
海洋プレート内での水の循環と冷却
大陸同士の衝突
冷却するマグマ溜まりの外壁

変成岩のできる場所

エメラルドが他の宝石ベリルより概して高価であり、傷がなく色の良いエメラルドにとんでもない高値が付くという理由も、ここにあります。

石が傷を持つことが多いため、天然エメラルドには傷を目立たなくするように、シダー・オイルやエポキシ樹脂などをしみこませることが珍しくありません。こういった処理で緑の色つき樹脂をしみこませれば、色合いの向上も図れます。エメラルドが宝石ユーザーにとって難しい点は、樹脂等による処理は仕方がないとしても見かけの改質をどこまで許すか、着色が嫌いならば見破れるかということにあるでしょう。

緑が映えるエメラルドも本体はモルガナイトと同じベリルで、ベリルは発色に縁のない化学組成の鉱物でした。宝石的ではない普通のベリルは不純物であるごく微量の鉄によって薄緑に色づき、これが和名の緑柱石の由来でした。実際、宝石に使える透明で緑色な石は、鉱物の世界を広く見渡すとプラス二価の鉄イオンを含む鉱物の中に少なからず見つかります。しかしエメラルドの緑色は、二価鉄イオンのくすみがちな緑とは全く違います。エメラルドの個性的な緑色は、何がもたらしているのでしょうか？

人を引き付けてやまないエメラルドの緑色の原因は、かつてまじめな研究対象になり、最終的にはクロムが主原因とわかったのです。色の良いエメラルドには、約一％ほどの微量のクロムが含まれています。さらにもっと微量のバナジウムや鉄も、特徴的な緑色をもたらす助けになっていることがわかっています。クロムだけ、あるいはクロムとバナジウムの組み合わせでは石の緑色はより鮮やかになり、一方ごく微量の鉄はクロムを助けて石が青緑を帯びるように働くことが知られています。エメラルドは深い緑色が特徴とはいえ、その中でより明るく強い緑を好むか、それとも落ち着いた青味のある緑を好むかは、人によって異なるでしょう。もし色鮮やかなエメラルドとお近づきになれそうでしたら、魅惑の色の背景にあるこれら元素のことを思い出していただければ幸いです。

May

五月
ひすい

エメラルドに並んで「ひすい」も、従来の五月の誕生石です。ひすいは、日本だけではなく中国でも富貴の象徴として愛されてきました。ひすいは中・南米のマヤ文明、アステカ文明でも高貴な宝石として用いられていましたが、どれほど広く深く愛されたかという視点からはやはり東洋の宝石ということができるでしょう。こういった事情から、初めて日本の誕生石が定められたときに、緑色がイメージ的に重なる五月の誕生石にエメラルドとともに並び置かれたのでした。二〇一六年にひすいは、日本鉱物科学会により日本の国石に選ばれています。

ひすいは漢字で「翡翠」と書き、漢字表記には宝石ひすいの他に鳥のカワセミの意味があります。翡翠の翠の字は緑色の羽根、翡の字は赤い羽根を意味し、まさに背中が光り輝くような緑色で胸元がオレンジ色のカワセミにピッタリです。この漢字表記を音読みして、宝石のひす

上質なひすいのカボション（左）。約0.1g。透明感のある緑色をなす。ひすいの彫り物（右）

いも指すようになりました。ひすいといえば一般的には緑色と受け取られますが、実は七色といわれる色変わりがあり、その中にオレンジ色のものもあって、この漢字表記は全くのアタリなわけです。

宝石ひすいは、富や、人生の成功と繁栄の象徴として、中国では伝統的に愛され貴ばれてきました。風水ではひすいは最大の金運の石と位置付けられています。もっとも、ひすいは昔から高価な宝であって、豊かな人でないと購《あがな》うことはできませんでしたし、金融資本主義的な経済では金持ちほどより豊かになりやすい傾向もあります。ひすいと金運を結びつけるのは、経済学的にも理にかなっているのかもしれません。

こうして東洋では富貴の象徴とされたひすいですが、漠然とひすいと呼ばれる中に「ネフライト」と呼ばれるそっくりさんがあるのを忘れてはいけません。ひすいを本ひすいまたは硬玉、ネフライトを軟玉と呼ぶこともあります。この二つの貴石はよく似た地質環境またよく似た場所で産出し、そもそもはあまり厳格に区別されずに貴ばれてきたようです。しかしここでは話を本ひすいに絞りましょう。

ひすいが産するのは、プレートの沈み込み帯のような、地下の高い圧力を経験した「高圧変成岩」という岩石の中です。五月の誕生石エメラルドは変成岩が母岩と書きましたが、ひすいは中でも圧力が高く熱の効果は相対的に低いタイプの変成岩に出てきます。日本は列島の地下奥深くに太平洋側から海のプレートが沈み込んでいる沈み込み帯にあり、このため地震国であります。ところがそういう場所こそ、ひすいを含む岩石、つまり高圧変成岩ができる場所でもあるのです。

中国を中心に見れば、その東側の日本から台湾にかけては、もともとは地質時代の昔にあった沈み込み帯である高圧変成岩とマントルの岩石から変わった蛇紋岩がセットになって、細い帯のように分布しています[8]。日本でのひすいの一大産地である新潟県糸魚《いとい》川《がわ》市は、この細い帯の北端にあります。目を中国大陸の南端に転ずると、そこからミャンマーにかけてはインド亜大陸の衝突による規模の大きな蛇紋岩帯が広がり、よく知られるようにひすいの東洋一、いや世界一の産地になっています。ひすいが東洋の宝石であるのは、このように産地に恵まれているからにほかなりません。

　緑色を貴ぶ宝石ひすいの正体は、「ひすい輝石《きせき》」と呼ばれる鉱物です。「ひすい」の後ろにくっついた「輝石」とは、この宝石鉱物が珪酸塩鉱物の中の一大グループに所属することを意味しています。輝石のグループには二〇種以上の鉱物が知られ、ひすい輝石はその一員です。珪酸塩鉱物の一種なのですから、酸素と珪素でできたシリカの四面体が鉱物の骨格を作っています。モルガナイトとエメラルドの本体、つまりベリルでのシリカの骨格は、六個のシリカ四面体が輪のように結びついた形でした。ひすいが属する輝石ではこれとは違い、シリカの四面体が直線状につながった鎖が骨格になっています。シリカ四面体の鎖同士を金属のイオンがつないで、鉱物として成り立っているのです。

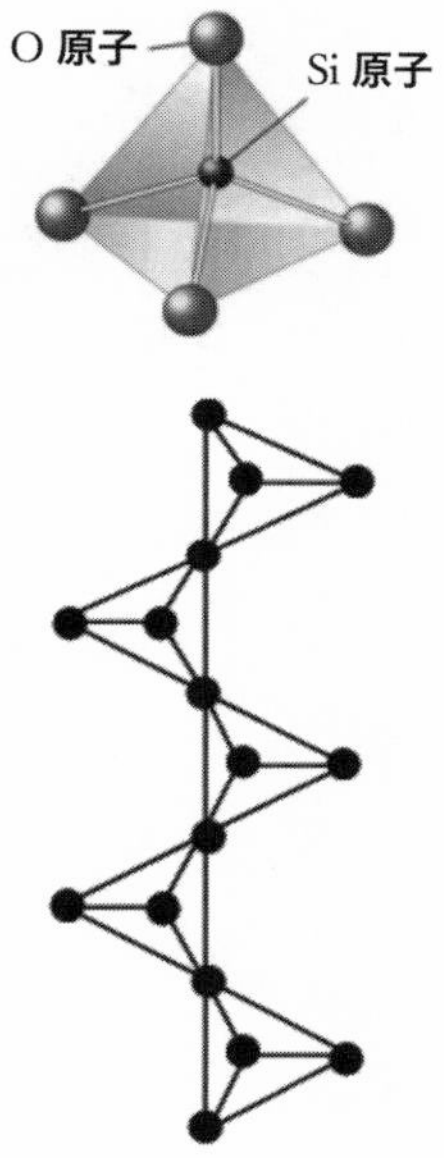

SiO_4四面体とそのチェーン状のつながり。このチェーンが、ひすいをはじめとする輝石族の骨格をなす

シリカの鎖を結びつけてひすいとして成り立たせている金属元素は、ナトリウムとアルミニウムです。シリカは酸素と珪素でできているので、ひすいは典型元素ばかりで成り立つ鉱物ということになります。つまりひすいは、本来は無色の鉱物なのです。みんなが愛する緑色のひすいになるためには、何か魔法の妙薬が必要です。

大多数の緑色ひすいでは、エメラルド同様に微量のクロムが魅惑の緑を発しています。ひすいの世界的大産地ミャンマーでは、ひすいと一緒にコスモクロアという、ひすいのアルミニウムをクロムに置きかえた鉱物が出ていますが、これは不透明なほど強烈な緑色で、緑の発色にいかにクロムが貢献しているかを直感で教えてくれます。ひすいは蛇紋岩の中の塊として出てきますが、蛇紋岩はクロムにあふれた岩石でもあるのです。そんな中でできるひすいがクロムのおかげで緑色になるのは、化学的にはわかりやすい話です。

ただし糸魚川産の緑色のひすいはちょっと違って、プラス二価の鉄イオンが発色の妙薬でした。これは、糸魚川市立の博物館フォッサマグナミュージアムの宮島宏さん（当時）を中心とするチーム研究で初めてわかったことです(9)。

ひすいはネックレス用のビーズや指輪用のカボション（丸い上面を持つ形の磨き石）など洋風宝飾品向けの形に仕立てる以上に、東洋では昔からいろいろな種類の彫り物に使われてきま

白と緑の染め分けが明瞭なひすい。暗く見えるところは緑色。また、白く見えるところもひすい（フォッサマグナミュージアム提供）

した。台北の故宮博物院に収蔵されている白菜の彫り物（翠玉白菜）は、ひすい本来の色のない部分と、緑に着色した部分を絶妙に彫り分けて、いかにもな姿を彫り上げています。彫り物に使えるということは、ひすいが大型の一個の結晶ではなく、目では識別できないくらい細かな結晶粒の集合体であることで可能となるのです。この点が、エメラルドやダイアモンドをはじめとするファセット・カットして、つまり多くの平らな面で刻まれた形となって使われる宝石たちとの大きな違いです。細粒結晶の集合体であることから、宝石ひすいはせいぜい半透明くらいの透明度です。半透明の美しさを楽しむために丸味のあるカボションやビーズに仕立てるわけです。

緑色のエメラルドとひすいを前にすると、クロムは緑色の宝石を生み出す魔法の元素のように思えます。確かにこの二つの宝石についてはそうなのですが、しかしクロムの色づけの妙技は緑色にとどまりません。それを次の六月の新しい誕生石で見てみましょう。

第二章

夏

June

六月
アレキサンドライト

皇太子への捧げもの

日本の六月はもう、夏です。関東あたりでは月はじめこそ梅雨寒と暑さが交錯するものの、西日本はこの先に待つ夏本番の暑さを予感させる日々となります。

こんな六月の誕生石に新たに選ばれたのは、「アレキサンドライト」です。一八三〇年にロシアのウラル山脈で発見された、歴史の浅い宝石です。モルガナイトと同じく何か人名っぽい宝石名と思いませんか？　それもそのはず、のちにアレクサンドル二世として即位する当時のロシア皇太子にちなんで、命名された宝石なのです。

鉱物としてのアレキサンドライトは、「クリソベリル」というベリリウムを含む鉱物の変わり種です。なんかベリルに似た名前ですね。名前の前半の「クリソ」はギリシア語で金を意味

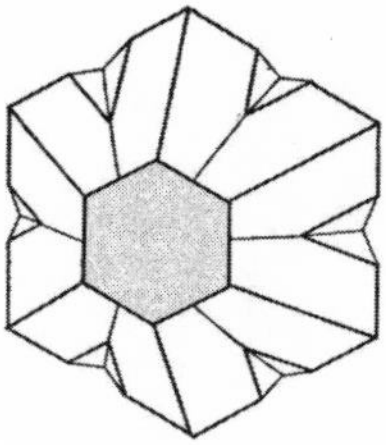

クリソベリルの三連晶。結晶図（左）と自然の結晶（右）。結晶はブラジル産。結晶の大きさは右側が約２cm、左側が約1.5cm

する「クリソス」、後半の「ベリル」は鉱物ベリルと同じく緑の石を意味する「ベリロス」に由来し、和名の「金緑石」は直訳にあたります。ベリルもクリソベリルもともに、まれな元素であるベリリウムの鉱物です。ベリルは珪酸塩鉱物の一員と紹介しましたが、クリソベリルは珪素を含まない、ベリリウムとアルミニウムの酸化物です。ともにベリリウムが主成分ということで、鉱物のできる化学的な環境も似ています。実際、アレキサンドライトが初めて発見されたのは、ベリル、というよりもエメラルドの鉱山でした。

クリソベリルは、本来は短い直方体あるいは菱形の柱のような形の結晶をなす、「直方晶系」という結晶系の鉱物です。六角形の柱のような結晶になる「六方晶系」のモルガナイトやエメラルドとは、原子の積み上がり方の違う結晶のグループです。クリソベリルは、面白いことに、しばしば柱のような結晶六本が互いに一二〇度の角度で交差した六芒星のような形で出ることがあります。六方晶系ではないけれど、なぜか六に縁がありそうです。だから六月の誕生石になったのでしょうか？

クリソベリルは金緑石とはいいますが、実際には蜂蜜色からちょっと地味なライム・グリーンをしています。ベリルと同様に、花崗岩に関係の深いペグマタイトに出ます。ペグマタイトの鉱物は花崗岩と同じようなものなので、白っぽい世界といえます。そんな中にポチッと出てくる黄色や黄緑色のクリソベリルは、あればよく目立ちます。めったに出てくる鉱物ではないのですが。

こんなクリソベリルは、透明な結晶であれば、蜂蜜色やライム色を愛でる宝石として使われます。色合いがまあ宝石級で、産出もまれであることは、宝石に必要な条件のうち二つ、つまり美しいことと希少であることを満たしています。加えてもう一つの条件である堅牢性も、クリソベリルは合格です。クリソベリルはモース硬度八であるトパーズと、同じく九のコランダム、つまりルビーやサファイアとの、中間の硬さ（硬度八・五）を持つのです。これはとても硬いということを意味します。「劈開《へきかい》」という、特定の方向に割れやすい性質も、クリソベリルにはありません。あまたの鉱物の中で、これは極めて強度が高く、頑丈であることを意味します。さらにクリソベリルには、従来の六月の誕生石であるムーンストーンに一脈通じる効果を示す変種があるのですが、このお話はまたあとですることにしましょう。

アレキサンドライトの魔術

でも、宝石たる条件を満たしているということだけが、わざわざ皇太子に捧げるほどの値打ちといえるのでしょうか？　ただのクリソベリルには申しわけありませんが、アレキサンドライトには並のクリソベリルからは想像もできないような素晴らしい特性があるのです。それがカラーチェンジ――そう、ＴＰＯに応じて色が変わるのです！　こんな宝石はそれまで全く知られていませんでした。

ＴＰＯに応じてというのは言い過ぎかもしれませんが、アレキサンドライトは見る「光」によって色が変わります。良質なアレキサンドライトは、太陽光のもとではライム・グリーンよりももっと濃い緑色に見えます。ところが同じ石が、夜会の照明のもとでは深紅に変わって見えるのです。一個で色違いの二個分になるお得な宝石なんて、いじましいことを考えないでください。美の評価に限らず私たちは、日ごろから色覚で多くの情報を得ています。頼りとする色が条件によって極端に変わるとしたらどうでしょう。交通信号ではないけれど、色を頼りに何かを伝えるときに緑か赤ということは、意味が大きく異なることが珍しくありません。宝石の世界なら、宝石言葉が極端に違ってもおかしくはないでしょう。こんな変化をやってのけてくれるのが、アレキサンドライトのカラーチェンジなのです。

なぜこのような変化が表れるのでしょうか？　それを理解するためには、物を見る際にどのように「色」が発生するのか、もっと正確に言えば私たちが何を色として認識するかということにさかのぼらねばなりません。

私たちが物を見るには「光」が必要であり、普通の光は自然の光——太陽光——でも人工的な照明でも白色光と呼ばれるものです。白色光が実際には赤から紫に至る虹の七色の光が混じったものであることも、よく知られています。物が見えるというのは、物に当たって跳ね返ってくる、あるいは物を通り抜けてくる光を私たちの目がとらえることに他なりません。ここで物に当たることで、あるいは物を通り抜けることで白色光の七色のバランスが崩れると、目が受け取る光は何かの色に偏ったものになります。つまり色とは、赤から紫まで均質に混じりあった白色光からバランスの崩れた光を、私たちが認識している状態ということになります。

宝石の話をするので、ここでは光が宝石を通過する、つまり透過する場合を考えましょう。もしも白色光が宝石を透過する際に赤以外の色の光、すなわち波長の短い光をすべて吸収してしまうと、宝石からは波長の長い成分である赤い光しか出てこないため、その石は赤く色づいて見えます。ルビーやガーネットだとこうなりますね。一方で、波長の長い赤から黄色、そして緑色の光を吸収すると、宝石は青色に見えます。宝石であれば、たとえばブルー・サファイアがこのケースです。

ルビーとサファイアは、コランダムと呼ばれる同種の鉱物で、含まれる微量元素が違うことで全く異なる色の宝石になっています。鉱物としては同種ながら、それぞれ違った色の宝石であり、ルビーが同時にサファイアの色を呈するなどということはありません。しかし、アレキサンドライトは違います。一個の宝石でありながら見る条件により赤と緑という全く異なった色を見せるのです。この謎を解くカギは、宝石の性質と「光」の中身にあります。

私たちが日ごろ経験している光は七色の光が混じった白色光でありながら、自然光はともかく人工的な照明では赤から紫のバランスが違うことがあるというのは、案外意識されていません。室内照明が蛍光灯だった時代、マグロのお刺身がおいしそうに見えないと愚痴られていましたが、それは蛍光灯の光が波長の短い光、つまり青っぽい光の成分に富んでいて、マグロの赤身をそれらしく見せてくれなかったことによります。それよりさらに時代をさかのぼった白熱電球の時代にこのような問題が意識されなかったのは、その光が長い波長の光に富んで赤っぽかったからです。一口に白色光といわれる人工照明でも、この程度の波長の、つまり色のバランスの崩れということはあり得るのです。この原理（？）を応用して、スーパーの肉売り場では品物をおいしそうに見せるために、しばしば赤色に偏った光をショーケースの照明に用いています。注意してみるとわかりますよ。省エネが叫ばれる現在、人工照明はＬＥＤ主体になってきていますが、お店に行ってみるとＬＥＤ電球に「昼光色」とか「電球色」という表示があるのに気づきます。両方とも普通にものが見える広い意味での白色光であるのに変わりがありませんが、細かく見てみると七色の光のバランスが違っています。昼光色に比べて電球色のほうが、波長の長い赤色寄りの光に偏った構成になっているのです。食卓でマグロのお刺身をおいしそうに見えるようにするには、電球色のほうがオススメというわけです。

こういった白色光の中身の違いに加え、アレキサンドライトのカラーチェンジでは石自身の光の「吸収特性」が重要です。アレキサンドライトが吸収する光は、一つは黄色、もう一つは藍色から紫色にあたる光です。昼の野外にあふれるお日様の光は、青空が象徴するように、青い光の成分に富んでいます。このような場所ではアレキサンドライトは緑色に見えます。赤から橙色にかけての波長の光は吸収されないのですが、もともとの昼の自然光がこのあたりの成分に乏しいため、アレキサンドライトを通しては私たちの目には届きません。これに対して、夕焼けをもたらす夕方の太陽光、また、ろうそく・ガス灯そして白熱電灯というかつての室内照明は、こう並べただけで赤みを帯びた光がイメージされます。こういった明かりには波長の短い緑や青の成分が乏しいのです。石を透過する光がそもそも赤っぽく、波長の短い成分は最初から少ないうえに石に吸収されもするために、結果としてこういった光で見るアレキサンドライトは深紅に輝くことになります。

人類が火を使うことなく、昼間の太陽の光か夜の漆黒の闇しか知らなかったならば、アレキサンドライトは深い緑色の石としてしか認識されず、カラーチェンジという特性は知られることがなかったでしょう。七色のバランスを自在に操れる人工照明が広まった現在、カラーチェンジを示す宝石はいろいろと知られるようになってきました。しかし、上質のアレキサンドライトほどの極端な変化を示す宝石は、他にないといって差し支えありません。

このようなアレキサンドライトの特性は、微量成分のクロムによってもたらされています。五月のエメラルドとひすいという二種類の緑色の宝石をもたらしたクロムは、クリソベリルに入り込んで太陽光のもとでは期待通り（？）石を緑色に色づけてくれました。しかし、母材である鉱物がクリソベリルであることで、赤みのある光に対して別の吸収特性を発揮して赤色を呈するといういたずらもやってくれたのです。

クリソベリルはまれな鉱物です。加えて、誰をも驚かすようなカラーチェンジを起こすアレキサンドライトは、さらにまれな鉱物であります。深い緑から鮮やかな紅色へと変わる上質の石は、なおさらにまれな存在です。ただ市中に出回る石では、赤側も緑側も青みを帯びて、色彩的にはいまひとつの印象のものが目立つのが残念です。口絵に置いたアレキサンドライトも、残念ながらこういった石です。

新しい誕生石は、これまであまり注目されなかった宝石を取り上げて、新たな市場を開拓したいという願いを込めて定められたと伝えられます。しかしアレキサンドライトらしいアレキサンドライトは、一般に広く愛でられるにはあまりに希少な石といわざるを得ません。その名の通り、高貴な宝石なのです。

July

七月　スフェーン

くさび石

七月の誕生石は以前は深紅のルビーで決まりでしたが、今回新たにスフェーンが仲間入りしました。スフェーンは、緑からオレンジ色、褐色に至るいろいろな地色の宝石です。最近よく見かけるのは黄緑色のバラエティーで、緑色の宝石のイメージを築きつつあります。これはマダガスカルやパキスタン産のスフェーンの特徴です。緑系の地色は微量のクロムによるもので、このためわざわざクロム・スフェーンと呼ばれることもあります。従来の産地であるロシアのウラル山脈やブラジルのスフェーンには茶色のものが結構あり、このためスフェーンは茶色の宝石と紹介されることもあります。

スフェーンの名は、ギリシア語の「くさび」にちなみます。くさびとは、物の隙間に打ち込

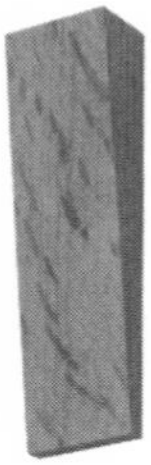

くさび

くさびの使用例。くさびを木製の柄に割り入れて、ハンマー頭部が外れないようにする

んで割り広げたり、逆に周りに圧力をかけて締め付けるために使われる、金属や堅い木材でできた三角形の薄板のことです。自然界に出てくるスフェーンの結晶は、くさびの厚い側同士を上下にくっつけたような、菱形に近い板のような形です。とはいえ、その形は厳密な菱形からちょっと外れているので、結晶系としては菱形の対称性を持つ直方晶系ではなく、「単斜晶系」に属します。単斜晶系の結晶のイメージとしては、直方体の向かいあった一組の面が平行四辺形であるようなちょっと歪んだ立体をお考えください。

スフェーンは化学的にはカルシウムとチタンの珪酸塩鉱物です。宝石名としてはスフェーンでよいのですが、鉱物の専門の世界では「チタン石」と呼びます。いかにもチタンを含む鉱物の代表らしい名前ですね。でも、専門の世界でもかつてはスフェーン（くさび石）と呼んでいました。鉱物の名づけ方には一定のルールがあり、国際的な学術連合の中でルールに合うように鉱物名の整理を行うことがあるのですが、こうした手続きの結果、専門の世界ではスフェーンと呼ばずチタン石と呼ぶようになったのです。

くさびの形のようなスフェーンの結晶

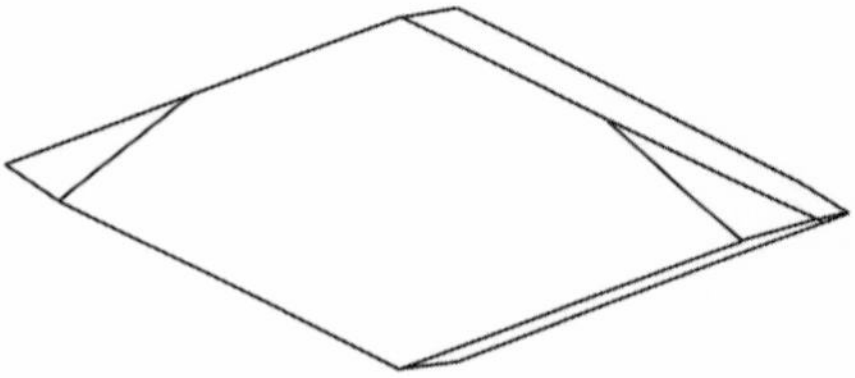

結晶図

分離結晶。ブラジル産。画像横幅＝約 4 cm

ここまで極端な板状になる。パキスタン産。結晶の長さ＝約3.5cm

岩石、つまり普通の石にこれまた普通に出てくる鉱物のことを、専門家は「造岩鉱物」と特別扱いして呼ぶのですが、スフェーンも実は造岩鉱物の一つではあります。広い種類の岩石に含まれるものの、量はほんのちょっぴりという少数派の鉱物です。ちょっぴりである理由は、主成分元素であるチタンが地球にはあまりたくさん存在しないことによります。

少量とはいえどこにでもありそうなスフェーンが宝石として注目されずに来たのは、カットして使えるような大物がなかなか産出しなかったからです。また、結晶の形も宝石向けとは言いにくいですね。その名の通りくさびのような薄い板状になることが多く、コロッとしたカットストーンを切り出すのには向いていないのです。

大変身！

天然自然のスフェーンの多くはあまり目立たない存在ですが、実はカットされると予想外の変身をとげます。ブリリアント・カットのスフェーンはキラキラ キラキラ輝いて、まるでミラーボールのよう。石からあふれ出る強烈な赤、オレンジ、緑の煌めきは、地味系な地色のことを忘れさせるほどです。カットストーンをいくつもお持ちの方ならすぐお気づきでしょう、こんなキラキラした宝石はなかなかないと。そうなんです、この素晴らしい煌めきこそが宝石スフェーンの魅力なのです。

透明なカットストーンの煌めきは、光と宝石の相互作用の賜物《たまもの》です。そっけない無色の石であるダイアモンドは、高い光の屈折率と著しい光学的分散の力による虹の煌めきで、宝石の王の地位を確立しました。ダイアモンドの素晴らしい輝きは、ブリリアント・カットという巧妙なカット法のおかげでフルに発揮されるものでもあります。宝石の煌めきについて語るときには、カギとなる光の屈折と分散を避けて通ることはできません。

光の屈折とは、違った二種類の物質を通る（透過する）光が物質同士の境界面で折れ曲がる現象です。ダイアモンド・カットストーンを見るときの光の進み方は、コップと水の実験でおおよそを現すことができますが、スフェーンのカットストーンでの光の進み方は実はこれとちょっと違うのです。空気中からスフェーンの中に入る光は、境界面で折れ曲がると同時に、進む道――光路――が二つに分かれます。光路が分かれるということは屈折率が二つあるということにほかならず、このためこの現象を「複屈折」と呼びます。屈折率は光の波長によっても変わりますが、複屈折とはそうではなく、どんな決まった波長の光についても光路が二つに分かれるのです。

複屈折という性質は、実は、ほとんどの結晶が持っています。一つの屈折率しか持たないダ

複屈折

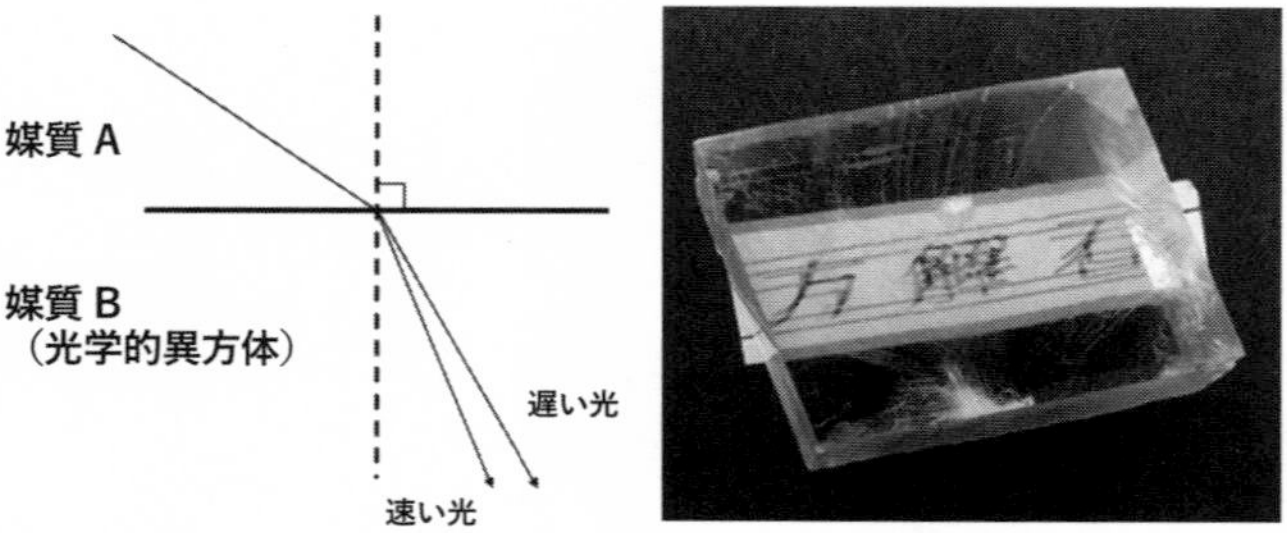

光学的異方体の結晶に入る光は、左側の模式図のように、速度の速い光と遅い光に分かれて進む。これが屈折率が２つあるということになる。複屈折の値が大きいと、結晶を通して物を見たときに二重に見える。右は方解石による複屈折

イアモンドはむしろ例外なのです。一方、水やガラスといった結晶でない物質は一つの屈折率しか持ちません。こんな性質を持つ水やガラスは「光学的等方体」と呼ばれ、またダイアモンドも結晶でありながら光学的等方体です。これに対して複屈折を示す物質は、「光学的異方体」と呼ばれます。

光学的異方体では光の進路が二つに分かれるということは、問題の物質を通して物を見ると二重に見える可能性があることを意味します。方解石という鉱物のかけらを紙に書いた字や線の上に置いてみると二重に見えるのを、理科の実験か何かで経験したことはありませんか？　これが目に見える複屈折の効果です。とはいえ、宝石の鑑賞のような世界では複屈折が問題になることはあまりありません。多くの宝石鉱物では複屈折の程度はそれほど大きくなく、かなりボリュームのあるカットストーンでも透かして物が

二重に見えることはあまりないのです。

しかしスフェーンは違います。スフェーンは一・八から二・〇という鉱物の中でも際立って大きな屈折率で、複屈折の値、つまり二つある屈折率の差も〇・一三四と際立って大きな値です。比較のため水晶（石英）を取り上げると、その屈折率は一・五三から一・五五、複屈折の値も〇・〇〇九です。スフェーンの屈折率と複屈折の程度がいかに大きいか、おわかりいただけるかと思います。スフェーンでは複屈折の値が大きいため、その効果をカットストーンで実際に見ることができます。仕立てあがったカットストーンの内側を覗《のぞ》くと、面同士の境界つまりエッジがダブって見えるのです。これは複屈折のいたずらなのですが、この効果によってスフェーンは実際より細かなカットを施したかのように、キラキラして見えることになります。

著しい複屈折に加えて、スフェーンは光の分散も非常に大きいです。スフェーンでの光学的分散は〇・〇五一に達します。この値は、虹色のファイアを宝石としての命とするダイアモンドの分散〇・〇四四をしのぐのです！　スフェーンがまるでミラーボールのように虹色に輝いて見えるのは、この大きな光の分散のためなのです。

宝石界の中でも図抜けたこうした光学特性のため、スフェーンのカットストーンは素晴らしく煌めきます。リングにすえれば手元で赤、緑、青など虹の光の乱舞を見ることができます。

そっと覗くと、複屈折の効果で実際よりも数多いファセットやエッジが存在するかのようで、いったいこの石はどんなに細かくカットされているのだろうと幻惑されるでしょう。もう地味な地色はどうでもよくなります。さあ、光の饗宴を楽しみましょう！

これほど個性的な宝石であるスフェーンが、新たに誕生石として取り上げられ注目されるのは、造岩鉱物として親しんできた者としてとてもうれしく思います。宝石スフェーンが身近な存在となったのは、新しい産地が増えて、まとまった量の宝石向け原石が供給されるようになったことが背景となっています。これからもしばらくの間、私たちは上質のスフェーンによる光の饗宴を楽しむことができると思われます。

でも、どうかその取り扱いには注意してください。実はスフェーンは、宝石として楽しむにはちょっと硬度が物足りないのです。世にありふれた砂埃《すなぼこり》——見えないくらい細かい砂埃の中身は、水晶とおんなじ石英です。石英はモース硬度七の標準鉱物です。硬度七というのはかなり硬いということを意味し、これより硬い鉱物にはトパーズ、コランダムなど宝石界に籍を置くものが並んでいます。宝石の条件の一つが硬くて頑丈なことであるので、これは納得です。こういった存在に比べるとスフェーンのモース硬度はたった五・五で、いかにも頼りないのです。つまり、砂埃で容易に傷つく可能性があるのです。

比較的硬度の低い鉱物は、正確なカットが難しいとされます。端正にカットされたスフェーンは、技術的にも貴重な存在なのです。これをゴシゴシこするなんてことは絶対にやめてください！　優しく優しく愛でてください。

August
八月
スピネル 「七月ルビー」からの独立

魅惑の赤い宝石なのに……

八月の新しい誕生石はスピネルです。スピネルの色は赤、ピンク、紫から黒に至る様々で、画家のパレットが作れるといわれるほど豊かです。中でも評価が高いのは、透明感あふれる鮮やかなレッド・スピネル。その赤色は、赤い宝石の先輩格である七月の誕生石ルビーの「ピジョン・ブラッド」に対して、「ストロベリー・レッド」と評されています。同じような赤い石とはいえ、レッド・スピネルの放つみずみずしい光は若々しさ、新鮮さに満ちているようです。いかにも新しい誕生石にふさわしい雰囲気。しかし、このレッド・スピネルの存在こそが、スピネル全体をルビーに隠れた日陰の身として、なんとなく二流どころの評価にとどめられてきた元凶でもあったのです。

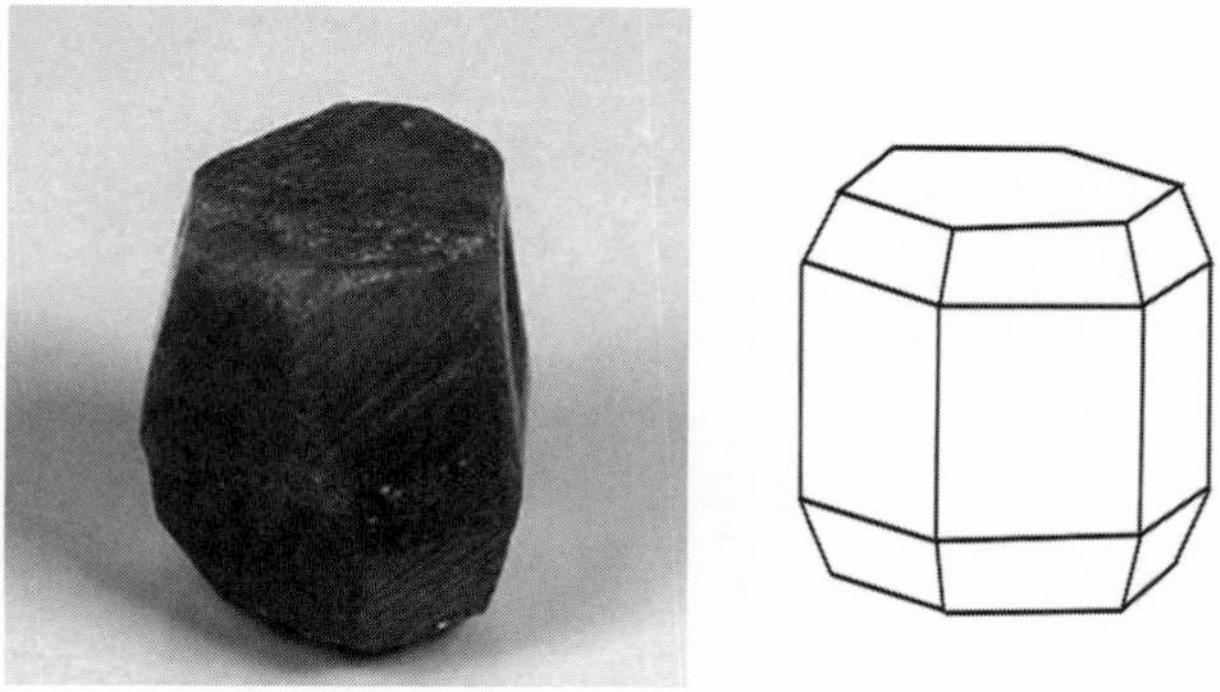

ルビーの結晶。ビア樽形

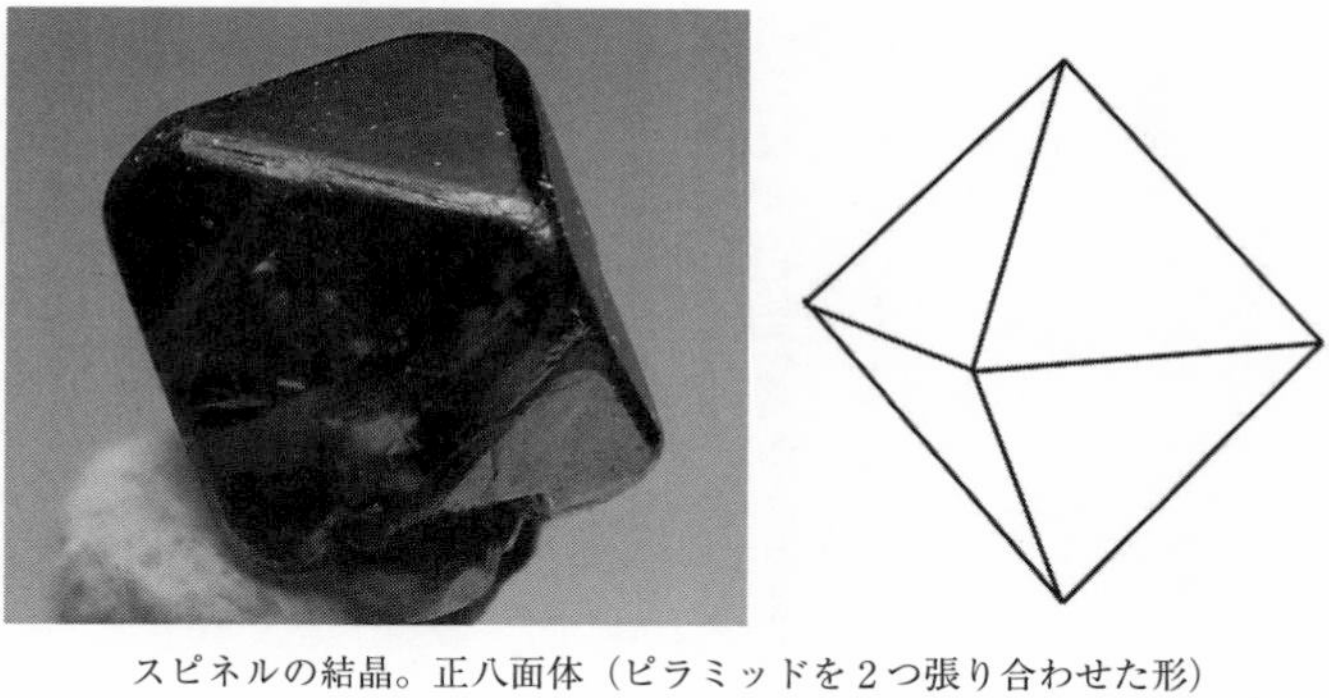

スピネルの結晶。正八面体（ピラミッドを２つ張り合わせた形）

七月の誕生石ルビーの鉱物としての本体は、「コランダム」です。コランダムは、アルミニウムと酸素が結びついた酸化物で、化学の世界では「典型元素」と呼ばれるグループの元素だけからなる、本来無色の鉱物です。その中で約一％のクロムを含んで赤く輝くものが、ルビーとして貴ばれてきました。ベリルやひすいでは緑色の着色の元であったクロムが、ここでは眩い赤色を発しているのです。赤い宝石は、何といっても最も人の目を引き付けます。ルビーの名はラテン語で赤を意味する「ルベウス」に由来するとされています。

しかし天然自然に産する宝石になるような赤い石は、実は赤いコランダムつまりルビーだけではありません。このため一月の誕生石「ガーネット」や、十月の誕生石「トルマリン」でも深紅のバラエティーは、古い時代にはルビーと混同されていたことがありました。これら混同されていた宝石たちも、鉱物としての本来の形つまり自形の結晶をなしている場合は、化学分析の力を借りなくてもそれぞれ違うということはわかります。しかし自形がはっきりしない塊である場合は、近代的な科学の力を借りなければ識別が難しい場合が珍しくありません。そして最も深刻に混同の被害をこうむったのは、赤いスピネルだったのです。

スピネルは、マグネシウムとアルミニウムという二つの元素が酸素と結びついた、化学的には酸化物にあたる鉱物です。ルビーつまりコランダムと似ていますね。自然界での出方も、実はこの二つは大変似通っているのです。ガーネットやトルマリンは珪酸分（シリカ）が骨格を作る珪酸塩鉱物の仲間ですが、ルビーやスピネルは酸化物であり、天然自然でもシリカが極端に乏しい岩石にしか出てきません。高品質のルビーの産地として有名なミャンマーのモゴックでは、非常に高い温度で変成された、つまり生まれ変わった石灰岩の中に、変成のプロセスでルビーをはじめとする色様々なコランダムができていて、母岩が風化した砂礫から宝石用に回収されています。石灰岩は海のサンゴ礁などが始まりの岩石で、主に炭酸カルシウムからできており、もともとシリカに極端に乏しいのです。このような化学的条件は実はスピネルにとっても好都合で、実際にモゴックではコランダムだけではなくスピネルもたくさん採れています。高温で変成された石灰岩からスピネルとコランダムが一緒に出てくるのは、理にかなったことなのです。

こういったことも背景にあって、宝石を鉱物学的に厳格に識別していなかった時代には、自然と両者は区別されず一緒くたに扱われていました。透明で力強さに満ちた赤色の宝石――他に何を望むのか、というわけです。

こんな事情で、歴史的にルビーとして扱われてきた宝石の中には実はレッド・スピネルだったというものが、今やいくつも知られています。有名なのは、大英帝国王冠にセットされた

大英帝国王冠（インペリアル・ステート・クラウン）。正面にある大粒の色石が、「黒太子ルビー」

「黒太子ルビー」[1]。王冠の正面中央の最も人目を引く場所に位置する一四〇カラットもの深紅の石が、ルビーではなくスピネルとわかったときには、どれほどのショックを巻き起こしたでしょう。他にも、現在はイギリス王室の所有となっている三五三カラットの「ティムール・ルビー」や、公女マルグリットの遺品としてフランス、ブルボン家の宝物となり、現在はルーブル美術館に収蔵されている「コート・ド・ブルターニュ」[2]など、歴史的な大物のルビーといわれる宝石には実はスピネルというケースがいくつかあります。スピネルとルビーが異なる鉱物と判明したのは十八世紀末とされます。近代的な鉱物学と分析化学が立ち上がった後のことなのです。

混同の歴史の背景には、科学の未発達以外にも要因がありそうです。赤い宝石は何といっても人の目を引き付けます。赤く、大きな宝石は、磨かれていない原石であっても人々が注目し、誰にとっても魅惑的であるのは間違いありません。歴史的な「なんちゃってルビー」は、軒並み一〇〇カラット超えの重量級です。ところが真のルビーという宝石には、こんなサイズのものは大変に少ないのです。現存する確かなルビーのカットストーンで五〇カラットを超えるものは本当にまれで、存在する国の国宝級の品なのです。同じコランダムの仲間でも、ブルー・サファイアはちょっと違います。カットされたブルー・サファイアとして世界最大とされる四二三カラットの「ローガン・サファイア」(3)だけではなく、一〇〇カラット超えのものがいくつか知られています。なぜルビーが大きく育たないかは謎です。しかし、王冠にセットしたくなる大きな赤い宝石は貴賓の人々のあこがれであり、欲してやまないものであることは容易に想像されます。そしてこの欲求を満たしてきたのが、時々は大物が得られるスピネルであったわけです。

スピネルの個性

スピネルにとって残念なのは、レッド・スピネルがルビーと混同されてきた歴史的事実が、なんとなくスピネル全体をセカンド・クラスの宝石に留め置く背景になってきたことです。スピネルもコランダムも、つまりルビーや様々な色のサファイアも、似たような地質学的条件の

ルビーとスピネルの産地

もとで形成されますから、採れるところはほぼ重複しています。ルビーの産地はタイ、ミャンマー、スリランカからマダガスカルに至り、一方宝石質スピネルの産地はベトナム、ミャンマー、スリランカ、タジキスタンそしてタンザニアと、ともにインド洋を囲むように分布します。タジキスタン産の赤紫色のスピネルは「バラス・ルビー」というルビーもどきの宝石名で呼ばれていたこともあり、こういったこともまがい物感につながったのかもしれません。

発色機構つまり宝石としての色をもたらす科学的メカニズムも、スピネルとルビーは似ています。ルビーは約一％のクロムを含むことでピジョン・ブラッドに代表される魅惑の赤色を発しますが、レッド・スピネルの赤色もルビー同様にクロムの賜物なのです。同じようなところで採れて同じような色の美しい宝石質の石に宝石名をつけるとき、ありがたみの大きいほうに天秤を傾けてしまうのはなんとなく腑に落ちませんか？

鉱物としてのスピネルを初めて認めたのは、十六世紀のドイツで活躍し鉱山学の父と評されるゲオルグ・アグリコラです。スピネルの名は、結晶の端のとがった形から、ラテン語で棘《とげ》を意味する「スピナ」に由来するという説が有力です。和名は尖晶石《せんしょうせき》で、まさに語源の通りです。

スピネルの自然の結晶の形は、ピラミッドを二つ上下に張り合わせたような、正八面体です。この外形は、実はダイアモンドと同じなのです。スピネルもダイアモンドも、原子の積み上がり方が最も規則正しい「立方晶系」と呼ばれる結晶構造のグループに属します。立方晶系の結晶は、名前の通り立方体になることもありますが、正八面体になることも少なくありません。これに対してルビーすなわちコランダムの結晶の形は、六角板状から柱の中ごろが膨れた六角短柱状です。これはコランダムがベリルの「六方晶系」に似た結晶の形になることがある「三方晶系」に属することによります。自形の結晶は全く別の形をなしているので、この状態ではスピネルとルビーを区別することは容易です。

しかし、自形をとらない塊状であったり、あるいは加工されてカットストーンになると悩ましくなります。両方とも美しい赤色であるうえ、カットは人の手でいかようにもなるため外形は全く手掛かりにはなりません。物理的な性質を見れば、スピネルは比重が三・五八〜三・六一、屈折率が一・七一四〜一・七三六、対するルビーは比重が三・九八〜四・一〇、屈折率は複屈折性のため一・七五九〜一・七六三および一・七六七〜一・七七二と、どちらもルビーのほうが大きいです。精密な測定機器があれば、塊やカットストーンでも識別できるでしょう。モース硬度はスピネルの八に対してルビーが九ですが、硬さを比較するのにカットストーンを互いに傷つけあうのはあり得ないでしょう。

光学性も識別の手掛かりになるかもしれません。立方晶系に属し光学的等方体であるスピネルは、どんな形のカットストーンになってどんな方向から見ても、色が変わりません。レッド・スピネルならどこから見てもストロベリー・レッドです。一方ルビーは光学的異方体。この性質を持つ結晶は、見る方向によって色が異なる「多色性《たしきせい》」という性質を示すことが珍しくありません。深紅のルビーも、見る方向によってややオレンジ色やあるいは紫色を帯びるとされます。高感度の色覚を持つ人なら、ひょっとするとわかるかもしれません。

最も著しいのは、蛍光性の違いでしょう。ルビーは、赤以外の波長の光を吸収し、自ら赤い蛍光を発するという際立った特徴があります。これはスピネルにはない特性です。レーザー・ポインターの緑色の光を当ててみると、ルビーは石全体が光り周りを照らすほどになります。

赤いスピネルではこういったことはありません。紫外線（ブラックライト）に対してもルビーは著しい蛍光性を示し、明らかにスピネルとは異なるのです。

レッド・スピネルがルビーに対して優れている点を述べれば、スピネルには傷や色むらがほとんどなく、透明度に優れた石がごく普通にある点、つまり欠陥が少ない点を挙げることができます。また赤いルビーは、色を向上させるために高温処理されるのが普通ですが、レッド・スピネルはそのようなことはなく、自然のままで、あるがままで美しい赤色です。高温処理の有無は、宝石の耐久性に響く可能性が非常に大きいので、これは大事な点です。

宝石としてのスピネルは赤に限りません。可憐なピンク、しっとりした紫、そして個性的な青と、魅力のある色はまさにいろいろです。私個人としては、ルビー・レッドとははっきり違う濃い赤紫とちょっと珍しいサーモンピンクがお勧めの色です。青色のブルー・スピネルには、コランダムつまりブルー・サファイアと共通のチタンによる発色をするものと、コランダムにはないコバルトによる発色をするものが知られ、サファイアとは違った色づきを楽しむことができます。そしてすでによく知られるブラック・スピネルは、数少ない黒色の宝石として今後も存在感を増していきそうです。新しく八月の誕生石に叙せられたスピネルは、もうルビーの代用品とは言わせないでしょう。

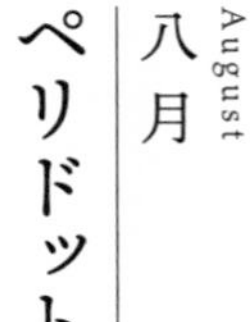

August

八月
ペリドット

足の下の宝石

カッと照り付ける太陽！　湿気も手伝って、日本の夏は独特の過酷さで毎年めぐってきます。それでも街中の街路樹、公園の木立、森や林などの木陰は、日差しの下とはまるで別世界のようです。木陰を吹き抜ける風に、この季節はどれほど癒されるでしょう。照り付ける太陽を透かす葉の緑——従来の八月の誕生石「ペリドット」は、このような情景が目に浮かぶような宝石です。

ペリドットは、「かんらん石」として知られる鉱物のことです。英語では「オリビン」と呼びます。酸素と珪素が結びついた珪酸（シリカ）を骨格とする、珪酸塩鉱物の一種です。アレキサンドライトと同じ直方晶系の鉱物で、先が屋根形をした短い柱のような形の結晶で出てき

かんらん石。結晶の集合（左）。パキスタン産。画像横幅＝約 3 cm。右の線画は結晶図

ます。きれいなものならそのままペンダントやリングに使えそうな、愛らしい結晶です。オリビンの語源は、平和の象徴であるオリーブ。オリーブ油を採る木であり、その実のピクルスも食材としてよく使われます。オリーブの実には黒いものもありますが、一般的なのはややくすんだ緑色のものです。鉱物のオリビンの名は、その色がオリーブの実のような緑色であることにちなみます。和名のかんらん石（橄欖石）は、以前からオリーブと別種の橄欖（台湾オリーブ）を混同していたことからついた名前です[4]。

しかし巷でよく見る宝石ペリドットは、くすみを感じるオリーブ・グリーンではなく、黄緑色といってよい涼やかで明るい緑色で煌めきます。生い茂る夏の木の葉というよりも、ようやく拡がりきった若葉の色に近いかもしれません。このような色合いのペリドットを使ったジュエリーは、アメリカでよく見かけます。それは、アリゾナ州南西部からニューメキシコ州にかけての地域が、世界的なペリドットの大産地だからです。その中心が、名前も「ペリドット・メサ」と呼ばれる、もう活動を止めた玄武岩の火山です。アメリカだけではなく、宝石ペリドットの産地は、パキスタン、中国、そして歴史時代にはアフリカ大陸とアラビア半島の間の紅海域などなどと、世界中にあります。色を愛でる多くの宝石では、産地ごとの色合いの違いがしばしば評価のうえでの大問題になります。たとえばルビーでは、ミャンマー産の力強く明るい赤色の石が「ピジョン・ブラッド」と呼ばれ最高の評価を得る一方、タイ産のやや黒ずんだ石は「ビーフ・ブラッド」と呼ばれて評価が下がります。しかしこのような地域間格差は、ペリドットではほとんど意識されません。ユーザーにとってありがたいこの特徴は、ペリドットの発色原因がモルガナイト以下ここまで取り上げてきた宝石と根本的に違っていること、そしてペリドットが実は私たちの目に触れない地球内部の主役であることによります。

半径約六四〇〇㎞の大きな地球は、宇宙から降り注ぐ隕石の化学組成などのデータをもとに全体の化学組成が推定されています。[5][6][7] 地球を構成する元素を多いほうから見ていくと第一位が鉄、第二位が酸素、第三位が珪素、そして第四位がマグネシウムとなります。第二位が酸素で第三位が珪素ということは、この二つが結びついた珪酸（シリカ）を主体とする鉱物、つまり

地球の内部構造

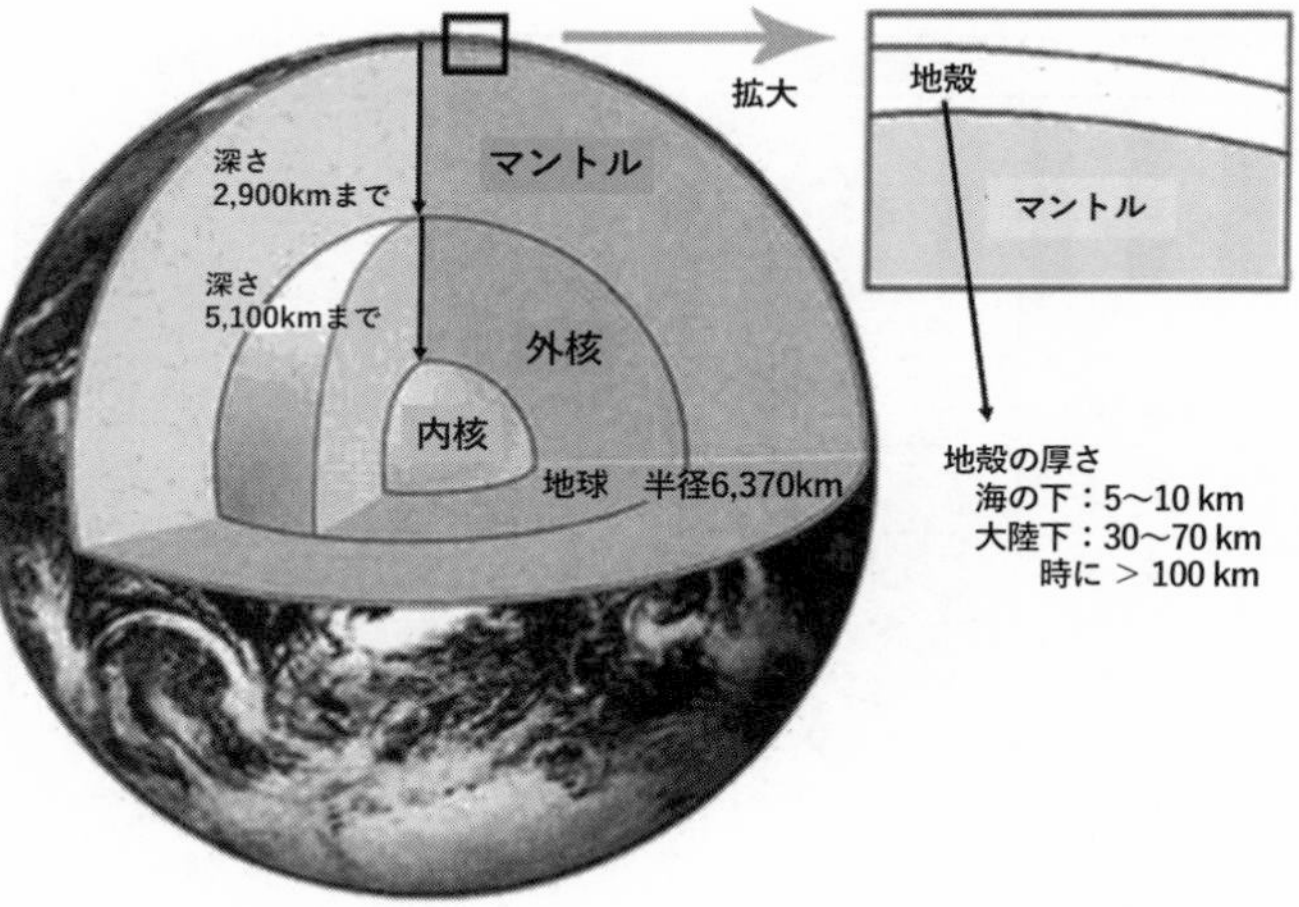

厚さ2,900kmものマントルには、いくつもの層構造があることがわかっている

珪酸塩鉱物が地球にはあふれていることを意味します。珪酸塩鉱物は岩石の主な構成鉱物なので、平均化学組成からも地球は岩石型惑星であることが納得できます。

ところで、われらが八月の誕生石ペリドットあるいはかんらん石に話を戻すと、シリカ以外の主成分元素は、実はマグネシウムと鉄なのです。なんと、地球平均化学組成の上位四元素で、ペリドットが出来上がっているのです！　化学的にはペリドットこそが地球を代表する鉱物といって差し支えないでしょう。

しかし、私たちが日ごろウロウロ行き来する地球の表層の「地殻」と呼ばれる部分は、ペリドット・グリーンの世界ではなく、何となく白っぽい鉱物たちが幅を利かせる世界で

全地球、マントル、地殻の構成元素トップ10

	全地球	マントル	地殻
第1位	鉄 34.6	酸素 24.8	酸素 43.2
第2位	酸素 29.5	マグネシウム 23.2	珪素 28.9
第3位	珪素 15.2	珪素 21.3	アルミニウム 8.3
第4位	マグネシウム 12.7	鉄 6.2	鉄 4.8
第5位	ニッケル 2.4	カルシウム 2.2	カルシウム 4.1
第6位	硫黄 1.9	アルミニウム 1.8	カリウム 2.4
第7位	カルシウム 1.2	ナトリウム 1.8	ナトリウム 2.3
第8位	ナトリウム 0.51	クロム 0.27	マグネシウム 1.9
第9位	クロム 0.26	マンガン 0.11	チタン 0.48
第10位	マンガン 0.22	チタン 0.05	マンガン 0.11

地球は岩石型惑星ではあるが、中心にある金属の核のボリュームが大きく、全体平均では鉄が最も多い。マントルと地殻は岩石の世界となり、鉱物を作る珪素・酸素・マグネシウム・アルミニウムなどの割合が増えていく

す。また、地球の中心にはドロドロの鉄合金でできた「核」があって、地球磁場を作ってくれていることもよく知られています。いったいペリドットはどこにあるのかというと——地殻と核の中間しかありませんね。そう、地球の薄皮みたいな地殻のその下から始まり、深さ二九〇〇㎞の金属核に到達するまでの間を占める「マントル」こそ、ペリドットの世界なのです。かんらん石が主役である岩石を「かんらん岩」と呼びますが、その英名は「ペリドタイト」です。ペリドタイト的な岩石こそ、地球マントルを作る物質なのです。地球マントルがかんらん岩でできていることは、地球の主原料である石質隕石がかんらん岩の一種であることだけではなく、マントルを伝わる地震波の研究やマントルの高温高圧を人工的に再現した実験研究などからわかっています。私たちは、目で見ることはないものの、マントルのペリドットの上で日々暮らしているのです。こういうわけでペリドットは、同じ珪酸塩鉱物ながらベリル、ひすい、スフェーンとは地球科学の上では格が違うのです。

自ずと美しい宝石

ペリドットはマグネシウムと鉄の珪酸塩鉱物ですが、マグネシウムと鉄の割合は自由自在です。こういった関係を鉱物の世界では、「マグネシウムだけからなるかんらん石と鉄だけからなるかんらん石が、互いに溶け合っている」という考え方をします。固体同士が溶け合うということで、この関係を「固溶体《こようたい》」と呼びます。宝石ペリドットになるかんらん石はマグネシウム成分が九〇％近くと、非常にマグネシウムに富む種類と決まっています。そしてペリドットが魅力的なグリーンに輝くためには、約一〇％という少量側の鉄成分の働きが本質的なのです。マグネシウム成分一〇〇％のかんらん石は、なんと無色なのです。

誕生石に限らず宝石の世界では、色を愛でる「色石」が優勢です。このため、なぜ宝石が美しい色を出すのかという、専門的に言えば「発色機構」という事柄が大きな関心事になります。宝石の発色には大きく分けて三つのタイプがありますが、最強（？）の発色機構は宝石を鉱物として成り立たせる主成分自体が色の原因となるケースでしょう。このような発色を「自色」と呼びます。ペリドットのグリーンは、鉄かんらん石成分の「鉄」の働きによるものです。鉄が「遷移元素」と呼ばれる元素の一員であることが、発色の秘密なのです。

春の章に掲げた元素の周期表に戻りましょう。水素、リチウム、ナトリウムなどから始まる横並び——周期——に対して、縦方向には性質の似た元素が並び「族」とまとめられます。第一族のリチウム、ナトリウム、カリウム以下を「アルカリ金属」、最も末端の第一八族のヘリウム、ネオン、アルゴン以下が「貴ガス」と呼ばれる、あれです。そして周期表の中ほどの第三族から第一二族、ここには第三周期までは元素が存在せず、第四周期以降いろいろな金属元素が並ぶようになります。この一群の元素が「遷移元素」です。すべて金属としての性質を持つ元素なので、「遷移金属元素」と呼ぶこともあります。

元素は、中心のプラスの電荷を持つ原子核の周りを、マイナスの電荷を持つ電子が、原子核の電荷と釣り合う数だけ回って成立しています。原子番号の小さな原子では、電子は単純なルールに従って一個ずつ、割り当ての軌道を埋めていきます。この性質のため、元素の化学的性質が系統的に変わり、「族」が成立するわけです。

原子番号が増え、周期の番号が大きくなるにつれ、電子の入る軌道は原子核から離れた遠方になって原子核の束縛が弱まり、このために電子の入り方のルールが複雑になります。ナトリウムから始まる第三周期で電子を収容するのは「M殻」と呼ばれる電子殻で、中には「3s」「3p」「3d」という三種類の電子軌道があります。これら軌道を全部使うと、最大一八個の電子が収まり、したがって一八種類の元素があってもよいのですが、実際の第三周期にはナトリウムからアルゴンまでの八種の元素しか存在しません。あと一〇個の電子を収めることのできる3d軌道は、実際には次の第四周期で使われるのです。

第四周期では、「N殻」と呼ばれる電子殻を使い、その中の「4s」という軌道から電子が入

遷移元素の成立に至る電子配列のモデル

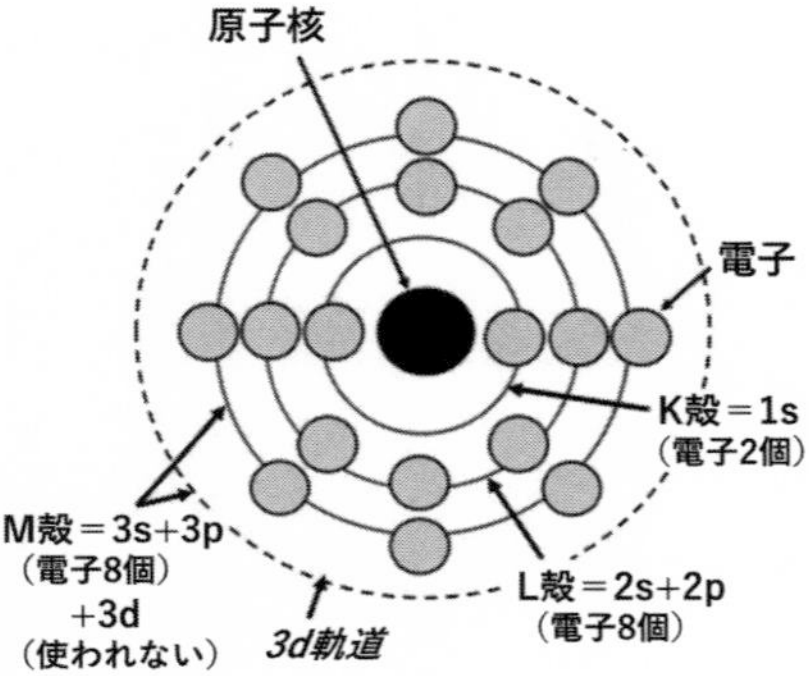

アルゴン

第３周期最後の元素アルゴンでは、すべての軌道が電子で埋まっている。次の第４周期の元素は、アルゴンを核にしてさらに外側の軌道に電子が入っていく

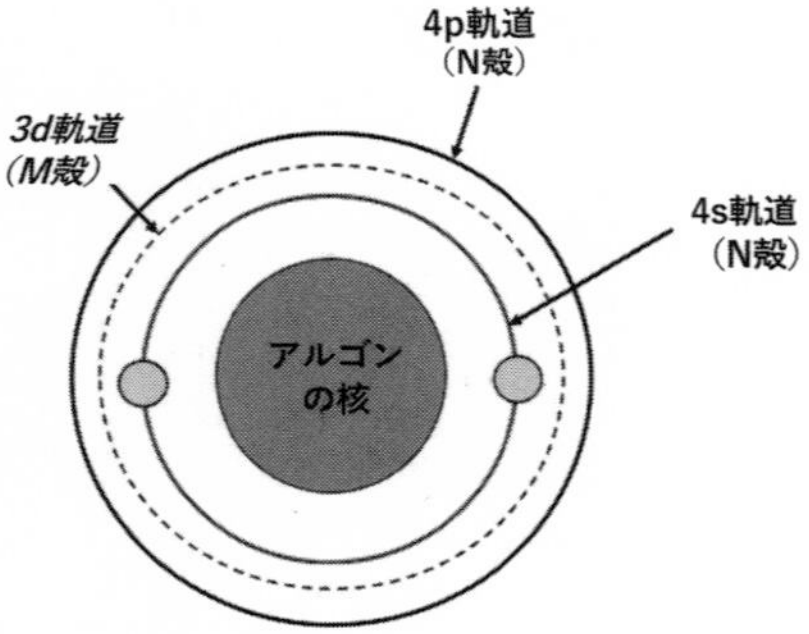

カルシウム

第４周期では、電子は本来の４s軌道から入り始める。この周期２番目の元素カルシウムで４ｓ軌道を使い切ってしまうと…（下に続く）

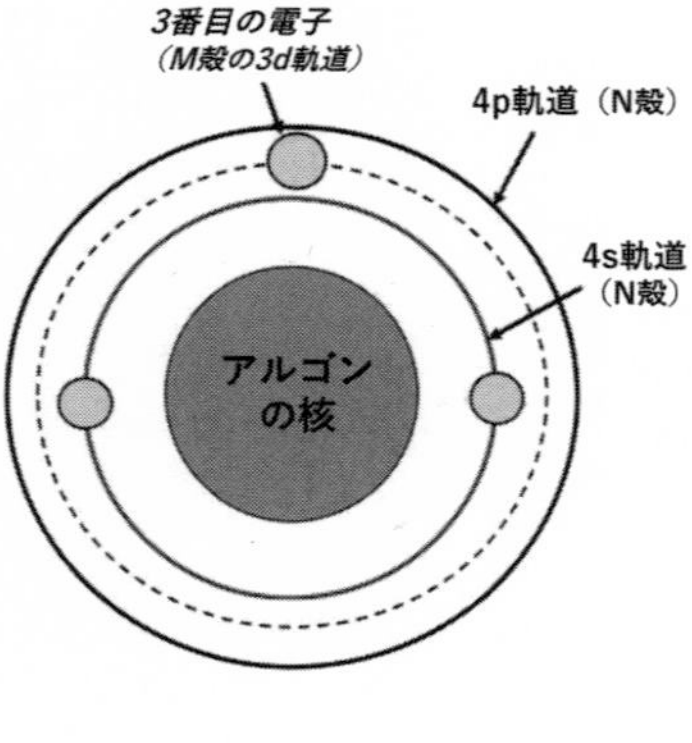

スカンジウム

次のスカンジウムでは、電子は第３周期で使われなかった３d軌道に入ってしまう。スカンジウム以降は３d軌道に率先して電子が入り、30番元素の亜鉛に至る一連の遷移元素が成立する

ります。4s軌道は二つまでしか電子が入らないため、この軌道を第4周期初めのカリウムとカルシムで使いきってしまうと、続くスカンジウム以降では電子は別の軌道に入らねばなりません。この時に使われるのが、周期本来の「4p」と呼ばれる軌道ではなく、第三周期で使われなかった3d軌道なのです。不規則性の発生です。[8] スカンジウムに続く元素では電子が順ぐりに3d軌道に入っていきますが、中にはクロムや銅のように一度いっぱいにしたはずの4s軌道から電子の一個が3d軌道にお邪魔して成立する元素もあります。こうしたなんだかんだの上に、第四周期では第三族から始まる全部で一〇種類の遷移元素が成立するのです。こういった遷移元素に対して「電子の入り方が規則正しい」と表現してきた「典型元素」たちは、周期の番号のついた軌道を順に電子が埋めていって成立しています。

では、遷移元素が存在することと宝石の色にはどういう関係があるのでしょうか？　これまでの誕生石では、モルガナイトで微量のマンガン、エメラルド・ひすい・アレキサンドライト・ルビーとレッド・スピネルで同じく微量のクロム、そしてペリドットで鉄が、それぞれの宝石の発色を担っていると紹介してきました。また、ブルー・スピネルではチタンとコバルトが発色に関係すると述べました。これらの元素はみな、第四周期の遷移元素です。どうも遷移元素というのは、宝石の発色に不可欠なようです。

宝石も、酸化鉱物や珪酸塩鉱物などというある種の化合物であり、その中の遷移元素は酸素や珪素という他の元素と結びつき、囲まれた状態にあります。遷移元素のd軌道の電子はすでに原子核からの束縛が弱くなっているのですが、加えて化合物の中にあることから、結びついた相手元素の原子核からもエネルギー的に影響されるようになります。この結果として、遷移元素のd軌道はエネルギーの高い軌道と低い軌道の二つに分裂してしまいます。分裂した軌道のエネルギー差は、問題とする遷移元素の周りの状態、つまり他のどんな元素がどのように取り囲んでいるかということに依存しますが、大体可視光（白色光）のエネルギー程度の差です。こういう関係があるため、遷移元素を含む物質に可視光が当たると、低エネルギーの軌道にいたd電子が光のエネルギーを吸収して、高エネルギーの軌道にジャンプする現象が起きるのです。これを「d-d遷移」と呼びます。

この現象のため、遷移元素を含む物質を透過してきた、あるいは物質から反射されてきた光では、白色光の一部の特定の波長（エネルギー）が吸収されてしまいます。これを「選択吸収」と呼びます。選択吸収の結果、物質から私たちの目に届く光は白色光から一部が吸収された残りの部分となり、物質が色づいて見えるわけです。d軌道の分裂の程度は遷移元素の周りの状態、つまり周りに他のどんな種類の元素がどういった具合に配置されているのかによって

d-d 遷移と選択吸収

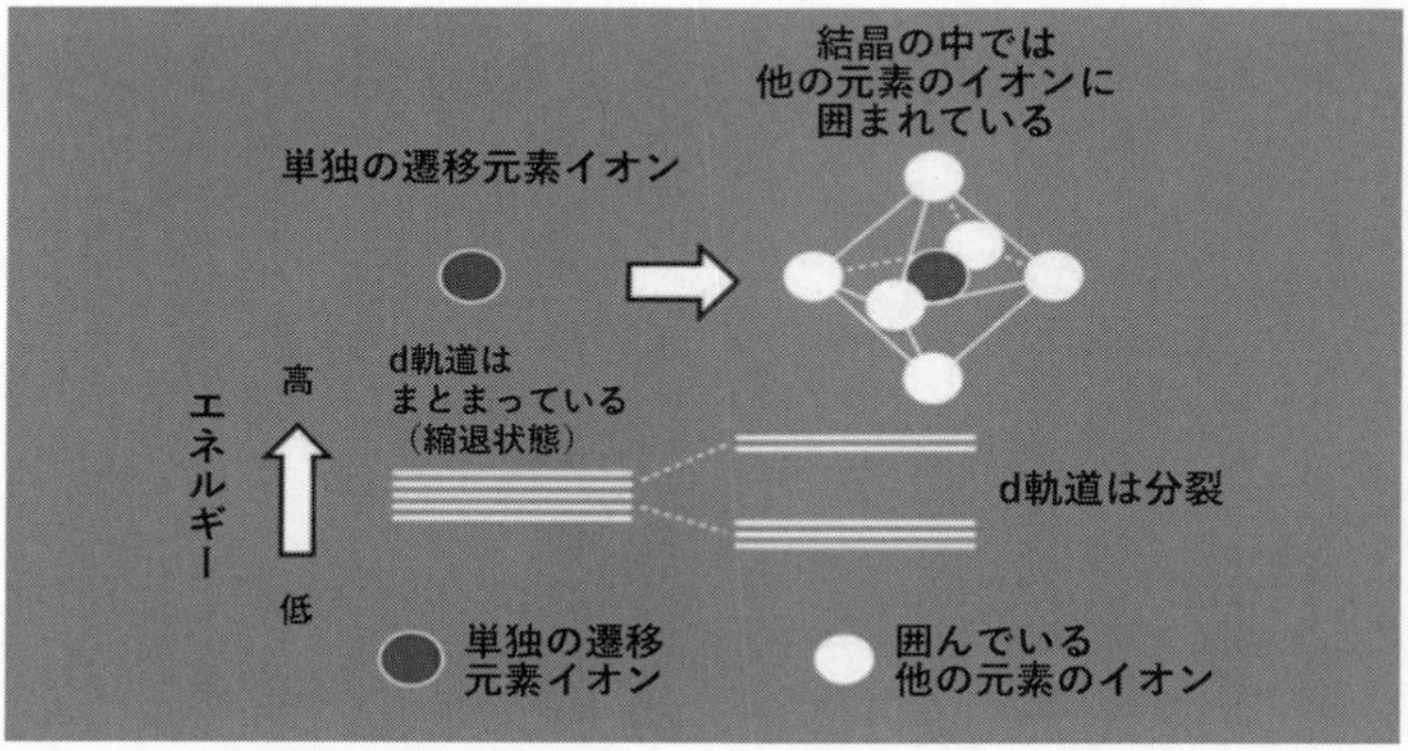

結晶の中の第 4 周期遷移元素は、周りの他元素の影響を受けて d 軌道が分裂する

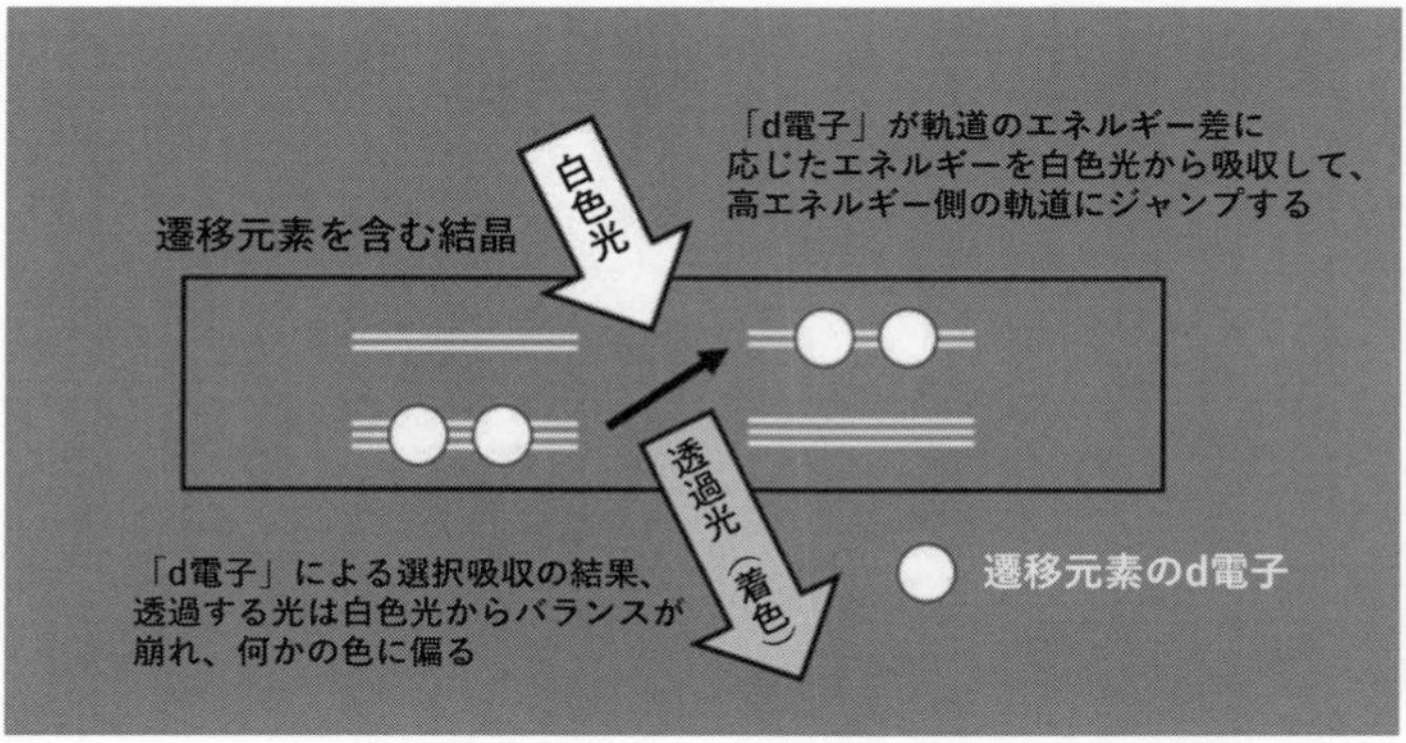

透過する白色光は、d軌道の電子（d 電子）の軌道間ジャンプ（d-d遷移）による選択吸収のため、波長のバランスが崩れ、着色する

決まります。ですから同じ元素であっても、どういう母材の中に入っているかによって発色の効果が全く違うということもあります。第四周期の遷移元素であるクロムは、珪酸塩鉱物であるひすいやエメラルドでは緑色の発色のもとでしたが、酸化鉱物であるルビーでは一転して鮮やかな赤色のもとになっていました。それはこうした理由によるものです。

これまで誕生石として紹介してきたモルガナイト、エメラルド、ルビーそしてスピネルは、本体の鉱物が典型元素だけからなる本来無色の鉱物でした。これら宝石たちの魅惑の色は、本体鉱物にとっては不純物である遷移元素がもたらしたもので、その量は一％内外です。一方でペリドットは立派なものです。ペリドットのグリーンは、主成分元素の一つである遷移元素「鉄」によるものです。宝石ペリドットでの鉄かんらん石成分は一〇％内外で、先に挙げた誕生石で発色に貢献する元素たちより一桁多く存在します。これぞ立派な自色です。色石は数多くあるといっても、主成分元素によって魅力ある色が生み出される「自色」の宝石は、実はあまり多くありません。多くの色石は微量成分頼みの「他色」なのです。

私が大学在学中にお世話になったマントル岩石学の専門家であるA先生は、常々、「大概の宝石は微量成分に金を払っている」とおっしゃっていました。マントルかんらん岩の主役であるかんらん石が、自身の化学組成（ここでは鉄）によって自ずと美しい宝石になることが誇らしかったのでしょうか。

ただ、ペリドットには常に〇・三％ほどの微量のニッケルが含まれていることも、書きとめておいたほうがよいでしょう。ニッケルも第四周期の遷移元素で、化合物では「ニッケル・グリーン」と呼ばれる独特の緑色を発します。宇宙から飛来する石質隕石は大部分がかんらん石からできていて、そしてそのかんらん石には結構な量の鉄かんらん石成分が含まれていながら、肉眼的には無色であることが多いのは、隕石のかんらん石でのニッケルの量が地球のペリドットより一桁以上少ないことが原因という考え方があります。

ペリドット・グリーンが主成分の鉄によるものだとしても、多いほどよいというわけではありません。鉄が増えるにつれて石の緑は濃くなるだけでなく茶色っぽくくすんで、市販の瓶詰めオリーブの実の色に近づき、やがて濃黄褐色からついにはほとんど黒くなってしまいます。こうなっては台無しです。過ぎたるは及ばざるがごとし、でしょうか。宝石ペリドットには、「イブニング・エメラルド」という皮肉っぽい異名があります。十九世紀あたりの夜会の室内照明の下で、鮮やかかつ重厚な存在感を持って輝く緑の宝石――そして本物のエメラルドより安価に手に入る大粒の宝石として、人気があったようです。こんな異名をいただいたペリドットは、今日よく見る明るい緑色の石よりも、ちょっぴり鉄分リッチなものだったのかもしれません。

地球マントルの使者

ペリドット・メサに代表されるほとんど黄緑色といってよいような色の明るいペリドットは、マントルかんらん岩に由来するものです。マントルかんらん岩が直接生み出す火山岩である「玄武岩」の中には、ハイ・スピードで上昇する途中で通り道の岩石をひっかいて地上まで持ち上げてくるものがあります。こういった岩石を「マントル・ノジュール」と呼びますが、その中にはペリドットがわんさか入っています。ペリドット・メサでは、こういったペリドットを宝石用に採掘しているわけです。

紅海上のセント・ジョンズ島も、古代から近年に至るまで、こうしたペリドットを産出してきた有名な場所です。アメリカのスミソニアン博物館が所蔵する「セント・ジョンズ島のペリドット」は、約三二カラットもの威容を誇ります。古代エジプト女王クレオパトラは稀代のエメラルド愛好家と述べましたが、実は彼女の愛したエメラルドの中にはセント・ジョンズ島産のペリドットが紛れていたという話があります(9)。鉱物学などなかった古代の話、エメラルドも単に「緑の石（スマラグドス）」だった時代の話ですから、そうであったとしても不思議はあ

玄武岩の黒い生地に散らばるペリドタイト・ノジュール（明色部）。標本頂部には約2cm大のペリドット結晶がある。中国、張家口産。画像横幅＝7cm

りません。

ペリドット・メサやセント・ジョンズ島のペリドットは玄武岩マグマが地下のマントルから運び上げてくれたものですが、地球上には地殻を超えた深部まで及ぶような大変動の末に、マントルの岩石の断片が地表まで顔を出している場所もあります。残念ながらこういったケースでは大変動の過程でかんらん石がダメージを受け変質していることが多く、宝石質のペリドットはほとんどの場合望めません。数少ない例外が最上級のルビーの産地であるミャンマーのモゴック近郊です。ここではマントルの断片であるかんらん岩大岩体から、上質のペリドットを採掘しています。石灰岩の中にルビーを作り出した高温の変成作用が、この場所ではかんらん岩のペリドットを美しく再生してくれたのです。

マントル・ノジュールでもマントル断片のかんらん岩体に由来するものでも、ペリドットは地下数十㎞から地表に至る過酷な旅を経験しています。このためペリドットの結晶粒には、どうしても大型のものが乏しくなります。ペリドタイト・ノジュールは実は日本国内でも何ヶ所かから見つかっているのですが、ペリドットの粒はせいぜい数㎜大で、宝石利用はとても無理です。実際、径二㎝を超えるような大粒のペリドット・カットストーンは、よく見るプチ・ジュエリー用の小粒のペリドットからは想像もつかないほどの高値になります。

宝石ペリドットにはさわやかに美しい緑色に加えてもう一つの特徴があります。直方晶系のペリドットは光学的異方体なので、複屈折の性質があり、しかもその値が〇・〇三六とコランダムや水晶の四倍くらいあります。このため大き目のカットストーンでは、エッジが複屈折によって重複して見える「ダブル・ファセッティング」あるいは「ダブリング現象」が起きます。この効果によりペリドットのカットストーンは、実際より多くの面でカットされているかのように著しく煌めくのです。

多くの色石では美しい見かけを得るために、何らかの物理的・化学的処理を行うことが少なくありません。ルビーやサファイアといった本来高価な宝石では、むしろ処理品でないもののほうが珍しいともいわれています。しかしペリドットは自色の宝石。生まれながらの姿で十分美しいのです。これこそが他の宝石に勝る美点と私は思います。

第三章
秋

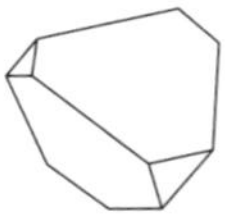

September

九月

ブルー・サファイア

コーンフラワー・ブルー

九月です、秋が来ました。

「えっ、まだまだ暑いよ！」

そうですね、二十一世紀に入ってからは九月でも夏真っ盛りみたいな暑さが続くようになり、九月から秋といわれても全く納得できない年のほうが多くなってしまいました。しかしながらやはり九月ともなれば、青空は高さと透明感を増し、吹く風のすがすがしさと相まって、季節の交代を感じずにいられません。この月の誕生石はブルー・サファイアです。秋の澄み切った青空よりもさらに色濃い、青色の宝石のトップに立つ美しい石です。

ブルー・サファイアは、七月の誕生石ルビーと兄弟です。ともに鉱物としての本体はコラン

ブルー・サファイアの自然の結晶。ロシア、ウラル産。径約5 cm

マダガスカル産のブルー・サファイア。ひとつひとつが大きさ1 cm前後

ダム、化学的には酸化アルミニウムです。その中で、鮮やかな赤色のバラエティーがルビーとしてまず注目されるのですが、次いで目を引くのは青になりがちで、青いコランダムが宝石として貴ばれるのは人の審美眼のうえでは自然な成り行きでしょう。ですから、以前は赤いルビーに対して青いコランダムは単純にサファイアということで話は済んでいました。

それを今、なぜわざわざ「ブルー」サファイアと？

実は、宝石コランダムにはほとんどあらゆる色がありながら、特別の宝石名がついているのは赤いルビーと、熱帯睡蓮を思わせるピンキッシュ・オレンジのバラエティー「パパラチャ」だけで、あとはみんな「サファイア」と呼ぶのが通例になっているからなのです。区別する際には、ピンク・サファイア、イエロー・サファイアなどと色名をつけ、この流れで誰もがよく知る青いサファイアも、厳密には「ブルー・サファイア」となる次第です。赤と青以外の色の宝石コランダムが広く知られるようになったゆえの変化でしょう。これは、ベリルの色々にエメラルド、モルガナイト、アクアマリン、ヘリオドールなどなど個別の名前があるのと比較すると、いかにも不公平に思えます。

歴史を振り返ると、古くから「サファイア」とは「青い石」の意味であって、たとえば十二月の誕生石ラピスラズリがかつてはそう呼ばれていました。やはりサファイアは青くなければ

ブルー・サファイアの主産地

ならないのです！　そこでここでは、できる限り単にサファイアで通すことにします。

鉱物として同じであることから、サファイアの産地はルビーの産地と結構かぶります。サファイアの三大産地は、インド・パキスタン国境のカシミール、インド洋に浮かぶ島スリランカそして、最上級ルビーの故郷でもあるミャンマーです。ミャンマーのサファイアは、ルビーと同じく高温で変成された石灰岩に産出し、それが崩れた砂礫から回収されています。コランダムは、一〇〇〇度近くに上る超高温のもとでできた変成岩に特徴的に出てくる鉱物ですから、ルビーの産地では一緒に各種のサファイアも出てくる傾向があるのです。ミャンマー産の最上級サファイアは「ロイヤル・ブルー」と呼ばれる、やや紫色を感じる深い青が特徴です。

スリランカ産のサファイアも砂礫つまり宝石の砂利の

中から回収されていますが、砂礫のもともとの母岩はやはり超高温の変成岩です。スリランカ産の質の良いサファイアは、抜けるような真っすぐな青、雑味のない青が特徴です。スリランカでは青以外の多様な色彩のサファイアもたくさん採れ、これがこの産地の特徴です。

カシミール産のサファイアは、あらゆるブルー・サファイアの中で最も高く評価され、「コーンフラワー・ブルー」(矢車菊の青)と呼ばれる軽やかさを感じる上品な青は、宝石愛好家のあこがれとなっています。ヒマラヤ山脈北西端の標高約四〇〇〇mに達する高原──そこがコーンフラワー・ブルーの故郷です。カシミール産のサファイアは残念ながら二十世紀前半には枯渇してしまい、もはや歴史的産地と呼ぶほうがふさわしい状況です。現在はコレクターの放出品を頼りにするのが、主な入手法となっているようです。

ミャンマー、スリランカそしてカシミールの最上級ブルー・サファイアのそろい踏みは、二〇二二年六月半ばまで東京の国立科学博物館で開催されていた「宝石展」で見ることができました。

このように高品質サファイアの産地は限られ、産出量も決して多くはありませんが、多くの需要を満たす産地は別に存在します。インドシナ半島南部、つまりベトナム南部からカンボジアを経てタイの南部に至る地域がそれです。この産地の延長は、オーストラリアにかかります。

でも、これら産地名になんか引っ掛かりませんか？　カシミールはインドとパキスタンが帰属をめぐって時々ドンパチやるところですし、インドシナ半島南部はかつてのベトナム戦争やその後のカンボジア内乱の舞台で、いまだに残る多数の地雷が復興の妨げとなっています。一時は安定した民主化が期待されたミャンマーは苛烈な軍政下に戻ってしまい、現在は外からのアクセスが難しくなっています。インド洋の真珠といわれたスリランカさえも、二〇二二年に国家経済が破綻して今は大変なことになっています。サファイアが採れるからこうなる、はずはないのですが、宝石の産地に紛争地帯が少なくないのは事実です。

電荷移動

と、ここまでブルー・サファイアについて書いてきましたが、読者の皆さんの中にはあれ？と思われる方がおられるかもしれません。たしか九月に新しい誕生石がありましたよね、なんでその話をしないの、と。

その通りです。九月の誕生石には、従来のサファイアに加えて新たに「クンツァイト」が仲間入りしました。この本の趣旨からするとそちらを先に紹介すべきなのですが、あえてルールを曲げています。八月の誕生石として紹介したペリドットのところで、化学の世界でいう遷移元素が色石の発色のカギを握っているお話をいたしました。せっかくですので、遷移元素による発色の話をもう少し深掘りしたいという筆者のわがままで、サファイアを先に取り上げた次第です。

ブルー・サファイアでも発色の原因は少量の不純物遷移元素にあります。つまりこれも、他色の宝石です。これまでの他色の宝石では、たとえばルビーやエメラルドにおけるクロムのように、主原因となる元素は一種類でした。しかしサファイアは違います。実験室のような純粋系と違って化学的には複雑多岐である自然界で育つ鉱物は、何種類もの不純物元素を含んでいて不思議ではありません。そして鉱物の発色機構の中には、複数の元素がかかわるものがあり、代表がサファイアのブルーなのです。「コーンフラワー・ブルー」を筆頭とする色の良いブルー・サファイアは、一%程度の微量の鉄とそれより少ないチタンを含んでいます。サファイアの青色は、不純物である二種類の遷移元素の間の「電荷移動」というメカニズムによっています。

鉱物はプラスとマイナスの成分が電気的にバランスして成り立つので、化学的には酸化アルミニウムであるコランダムでは、プラス三価のイオンになるアルミニウムとマイナス二価のイオンになる酸素が、電気的なバランスをとっています。つまりコランダムは、アルミニウムと

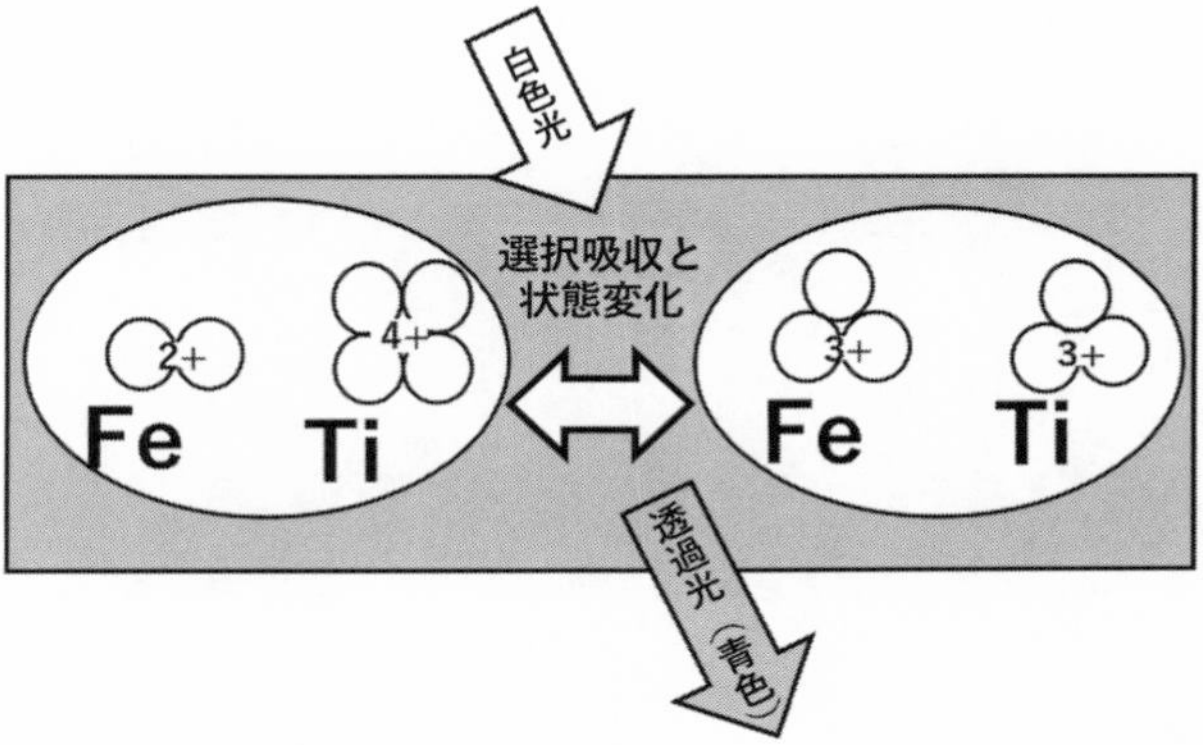

電荷移動の模式図。サファイアの中の鉄とチタンのイオンが2つの状態を行き来することで、透過光が選択吸収され、青く発色する

酸素が二：三の比率で出来上がっているのです。プラスも六価、マイナスも六価です。

ここで、アルミニウムと酸素の世界に混じりこんだ微量の鉄とチタンに注目しましょう。どちらの元素も、主成分のアルミニウムをちょこっと置き換えてコランダムの格子に納まっています。第四周期の遷移元素である鉄とチタンでは、イオン化に貢献する、つまり本来所属すべき原子核の束縛を離れてどこかよそに行ってしまうのは、3d軌道の電子です。d‐d遷移をやらかしたd電子が、ここでも活躍します。鉱物の結晶では、電気的に全体の調和を乱さない、つまりプラス側にせよマイナス側にせよ電荷のバランスを崩さないというのが「掟」です。微量成分である鉄とチタンは、それぞれプラスの二価と四価のイオンになるのがよくあるケースですが、ホスト役のアルミニウムはプラス三価なので、二個のアルミニウムに対して二価の鉄イオン一個と四価のチタン・イオン一個があれば、全体としてプラス六価で電荷の過不足がなくイオン性結晶として破綻しません。

ところが、別の考え方もあり得ます。鉄はプラス二価だけではなくプラス三価にもなります。鉄の赤さび、あれはプラス三価の鉄による酸化物としての形態です。同じくチタンも、よくあるプラス四価ではなく、より還元的なプラス三価のイオンにもなり得ます。プラス三価のアルミニウム二個に対して、あるところに三価の鉄イオン一個、同時にあるところに三価のチタン・イオン一個がそれぞれ存在すれば、これでも電気的に破綻せずイオン性結晶として成り立ちますね。

では、実際はどうなんでしょうか？「プラス二価の鉄＋プラス四価のチタン」であっても、「プラス三価の鉄＋プラス三価のチタン」であっても、プラス側が六価で三個の酸素のマイナス六価とつり合い、マクロなブルー・サファイア、つまり鉄とチタンを微量成分として含むコランダムは破綻しません。それどころか、一個のコランダム結晶でこの二つの状態が混在していても、電気的な破綻は起きません。実際のブルー・サファイアでは、不純物の鉄とチタンは、「二価の鉄＋四価のチタン」という状態と「ともに三価」という状態の間を行き来しているといってもよいのです。イオンの価数の増減は電子の着脱によるので、はたから見ると、まるで鉄とチタンの間で電子をやり取りしているように見えるわけです。よってこれを「電荷移動」と呼ぶのです。

コランダムの中での鉄とチタンの「電荷移動」には一定のエネルギーが必要ですが、これは可視光のうち赤から黄色の成分を選択的に吸収することでちょうどよく賄《まかな》われます。この結果、サファイアに白色光を透過させると、吸収されなかった青色の光が私たちの目に届くことになります。サファイアの青色はこうしたメカニズムで現れるわけです。鉄だけ、あるいはチタンだけではだめで、両者がそろって初めて魅惑の青色が生み出される――ブルー・サファイアは発色機構においてもサファイア・ファミリーの中で別格のような気がします。

電荷移動が起きるためには、関係する元素のイオンが複数の価数をとり得て、またそれぞれがイオンとなるのに必要なエネルギーが互いに近い必要があります。鉄とチタンという同じ周期にある遷移元素というのは、電荷移動を起こすのに都合の良いカップルを作ることのできる元素たちといえるわけです。

鉄とチタンの過不足は、サファイアの色が理想から離れることにつながります。鉄が過剰の場合は、鉄のd電子による光の吸収が電荷移動による吸収に重なって、サファイアは「インク・ブルー」と呼ばれる暗い色調を呈すようになります。今はあまり見ることがなくなった、ブルー・ブラックのインクの色に近づくわけです。色が暗くなるにつれ宝石としての評価も下がります。インドシナ半島産のサファイアは鉄が過剰気味で、サファイアの色は暗めとなり、結果、あまり高く評価されない傾向があります。この地域のサファイアに鉄が多いのは、母岩の性格によります。三大産地に代表される良質のサファイアの母岩が超高温の変成岩やペグマタイトという鉄に乏しい傾向の岩石であるのに対して、インドシナ半島産のサファイアは玄武岩という鉄たっぷりの火山岩の中に出てくるのです(1)。

一方チタンが過剰である場合は、コランダムができた時から温度が下がるにつれて不純物として存在しきれず、「ルチル（二酸化チタン）」という別の鉱物のごくごく細い針となってコランダム内に出てくるようになります。このようなルチルの細かな針を「シルク・インクルージョン」と呼びますが、本当に練り絹のような靄《もや》がサファイアの青の背景に広がって見えるのです。ということは、このようなサファイアはぼんやり透明度が下がって見えるということでもあります。これは宝石としての評価を低下させることにつながりますが、特別な場合はそうとは限りません。ルチルの細かな針がコランダム結晶の対称性に従って、結晶の伸びの軸の周りに互いに一二〇度で交差するように配列すると、この結晶を伸びの軸に垂直にカボションに磨いたときにルチルの針が光を回折して、磨いた表面に六条の光芒が浮かび上がるようになるのです。「スター・サファイア」の誕生です。ちなみにスター・ルビーのスターも、同じメカニズムでもたらされます。

ブルー・サファイアは青色の、そして同じくコランダムであるルビーは赤色の宝石の代表です。これに緑色のエメラルドと無色のダイアモンドを加えて、しばしば四大貴石として貴ばれます。でも皆さんお気づきですよね、赤・緑・青は光の三原色で、これらが合わさると白色光つまり無色の状態が生まれることを。四大貴石のセレクションは、実にナイスと思いませんか？

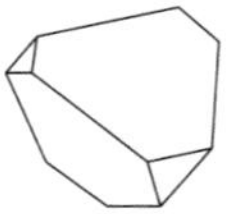

September
九月
クンツァイト

クンツ博士再び

お待たせしました、いよいよ九月の新しい誕生石「クンツァイト」の登場です。

クンツァイトは、二十世紀に発見された新しい宝石です。クンツァイトは、ティファニー社のジョージ・フレデリック・クンツ博士による、一九〇二年のペグマタイト調査で発見されました。彼がこの時見つけたのは美しいピンク色の二種類の宝石鉱物で、うち片方のピンク色のベリルが博士の宝石探索のパートナーであったJ・P・モルガンに捧げられ、新しい宝石モルガナイトとなったのでした。一方、一緒に見つかった別のピンクの石の正体は、解明に専門の化学者の助けを要しました。そして判明した鉱物としての正体は「リチア輝石」。リチウムとアルミニウムからなる珪酸塩鉱物です。こちらは、正体を明らかにした化学者たちが、宝石名

クンツァイトの結晶。アフガニスタン産、結晶の長さ約 9 cm

を発見者クンツ博士に捧げたのです。

リチア輝石——英語ではスポジュメン——は、鉱物の世界に多くの縁者を持つ宝石です。「リチア」とはリチウムのことで、つまりはこの石の化学的特徴を表しています。続く「輝石」は、珪酸塩造岩鉱物一門のメンバーであることを示しています。和名は、ちょうど人名のファーストネームとファミリーネームに相当する関係になります。輝石とは、よくある石を作る造岩鉱物の中でも非常に重要な鉱物一族で、シリカのユニットが連なってチェーンをなして鉱物の骨格になるという共通する特徴があります。

宝石界でリチア輝石に近縁の鉱物は、五月の誕生石ひすいです。化学式の上ではリチア輝石の持つリチウムをナトリウムに置き変えると、ひすい、つまりひすい輝石になります。化学式のうえではよく似たもの同士ながら、出てくる場所は全く違います。ひすいがプレートの沈み込み帯のような地下深くの高圧環境におかれた変成岩や蛇紋岩に出てくるのに対して、リチア輝石はペグマタイト、つまり花崗岩を拡大コピーしたような岩石の一種に出てきます。リチア輝石が出てくるペグマタイトはリチウムを濃集するタイプということで、数あるペグマタイトの中でも特に「リチウム・ペグマタイト」と呼ばれるものです。名前の通り、この種類のペグマタイトにはリチウムを含む珍しい鉱物がわんさか出てきて、鉱物愛好家にとってたまらない存在です。

　リチア輝石はリチウム・ペグマタイトに欠かせない鉱物ですが、普通は地味な目立たない鉱物です。というのも、構成するのがリチウムとアルミニウムなど典型元素ばかりなもので、多くは無色あるいは濁って白色になるだけだからです。そんな普通のリチア輝石が誇るのは、結晶の大きさでしょうか。古い話になりますが、一九八一年にアメリカ鉱物学会の学術誌『アメリカン・ミネラロジスト』に、そのものずばり「鉱物巨大結晶たち」というタイトルの記事が掲載されています。この記事によると、アメリカ、サウスダコタ州の鉱山で見つかった長さ一二mを超えるリチア輝石の結晶が、マダガスカル産のベリルに次いで珪酸塩鉱物部門の第二位を獲得しています。(2) 採掘場の露頭《ろとう》の前に居並ぶ屈強そうな何人もの男性陣の背後に、白い電信柱のような結晶が長々と伸びている壮観な写真が残っています。

そんな地味なリチア輝石には、資源鉱物という別の顔もあります。化学組成からわかるように、リチウムの原料として、です。リチウムはいまや現代社会を支える重要な元素で、塩湖の水から回収するやり方が広まっていますが、旺盛な需要を賄うためリチア輝石のようなリチウム鉱物も原料として使われています。輝石という頑丈な鉱物を化学的に分解しないとリチウムは取り出せませんが、そうやってでも利用する価値があるのです。

宝石となるリチア輝石は、資源になる（というか、資源としてしか使えない）リチア輝石の中のエリートたちです。結晶はてっぺんが屋根形に尖った四角柱で、側面にたくさんの縦筋があることが多いです。透明度が概して高く、あぶくや他の鉱物を内包することもあまりありません。クンツァイトは宝石質リチア輝石の中のピンク色のバラエティーですが、他の色も知られています。

着色中心

このリチア輝石たちの色づきは、これまで紹介したペリドットやブルー・サファイアの発色とは別の、「着色中心」と呼ばれるメカニズムが担っています。着色中心とは、いろいろな原因で結晶での原子の積み上がり方に起きる欠陥のうち、そこで可視光の一部を吸収してしまい、結果として結晶が色づく効果を表すものを指します。この欠陥には、規則的に原子が積み上がっているはずの結晶で、あるべき原子が欠けてしまう結晶格子の穴のようなものや、逆に過剰の原子を取り込んで格子が歪んでしまうものなど、いくつかのタイプがあります。塩化ナトリウム（つまり、食塩）を代表とする「アルカリ塩化物」ではよく発生します。塩化ナトリウムは最も身近なアルカリ塩化物で、ナトリウムと塩素が結びついたものです。

ちょっと前のネットのお困りごと相談に、「物理実験で塩化ナトリウムの結晶構造解析をやってて結晶にガンガンX線を当ててたら、黄色くなってしまった、どうなってんの⁉」という質問（悲鳴？）がありました。X線のパワーがナトリウムの原子を打ち飛ばして格子欠陥ができ、そこが着色中心として機能してしまったのでしょう。事情を知らない学生さんは、さぞパニクったことでしょう。

着色中心の中には、ごく微量の不純物元素の働きで光の吸収を起こす格子欠陥が形成され、着色するものもあります。淡いグレーから暗黒に至るスモーキーな色調が特徴の煙水晶。これも着色中心の働きあってのものです。水晶、つまり二酸化珪素（あるいはシリカ）は、プラス四価の珪素イオン一個がマイナス二価の酸素イオンと結びついて成り立っていますが、ここで

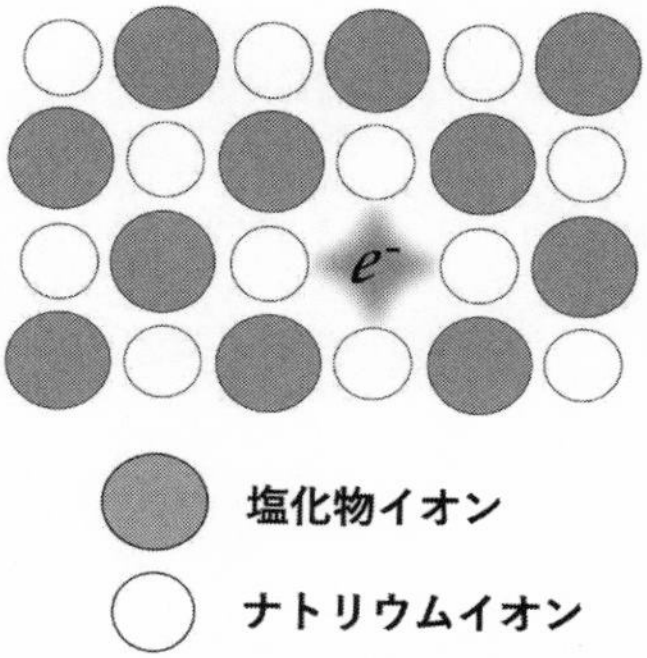

着色中心の一種「空孔」の模式図。母材は塩化ナトリウム。塩化物イオンが欠落し、そこに電子（e^-）が取り込まれている

珪素をプラス三価にしかならないアルミニウムが置き換えると、プラス電荷の不足が起きてしまいます。この不足が着色中心のもとになります。

煙水晶がその名の通りスモーキーになるには、ごく微量のアルミニウムに加えて、自然界のレベルの放射線を浴びる必要もあります。人工的にごく微量のアルミニウムを含む水晶を合成しても、ただちにスモーキーにはならないのです。また、こうしてもたらされるスモーキーな色合いは、四〇〇度程度の加熱処理で消えることも知られています。このように着色中心は、機能を発揮するうえでもまた停止するうえでも、放射線を浴びたり高温を経験するなど外の物理的環境の影響を受ける必要があります。この不安定性が、ルビーやサファイアのような微量元素による積極的かつ安定的な発色と違う点です。

着色中心には電荷の不足や過剰のイオンがかかわるというと、そんなことでイオン性結晶全体の電気的なバランスが崩れないか心配になりますね。でも、着色中心を持つ結晶でのイオンの不足や過剰は、一〇〇万分の一（ピー・ピー・エム）から一〇億分の一（ピー・ピー・ビー）のオーダーの話です。この程度の欠陥は、肉眼的な大きさの結晶では十分許されるのです。結晶ではない人体でも、構成する三〇兆個以上もの細胞の中に一〇や一〇〇くらいどこかおかしい細胞があったとしても、普通は何ともありません。それと同じようなものです。

話をクンツァイトに戻しましょう。ピンク色のクンツァイトには微量のマンガンが含まれています。クンツァイト、つまりリチア輝石を作るリチウム、アルミニウムそして珪素は、それぞれプラス一価、プラス三価そしてプラス四価のイオンの状態になっています。これに対してマンガンはプラス二価であることが多く、このためリチア輝石の中では電気的に居心地の悪い存在となります。マンガン・イオンに伴う局部的な電気的アンバランスが着色中心として働き、クンツァイト独特の紫色を帯びた不思議な雰囲気のピンク色をもたらすと考えられています。

ただし、クンツァイトの色にはちょっと注意が必要です。クンツァイトには、見る方向によって色が違って見える特性があるのです。クンツァイトは断面が長四角の柱あるいは厚みのある伸びた板のような結晶になりますが、その色は結晶の伸びの方向から見ると最も濃く、柱の横の面から見るとずっと薄くなります。極端な場合は、濃いピンク色に見える結晶を九〇度回して見ると汚い灰色っぽい色であることもあり、これが同じ結晶なのかと唖然としたものです。

見る方向によって色が違うという特性を「多色性《たしきせい》」と呼びます。多色性は、「夏」の章の複屈折の話のところに出てきた光学的異方体の結晶ではしばしば認められる特性なのですが、普通は目で見てはっきりとわかるほど強くはありません。クンツァイトは全体として色の濃い宝石とは言い難いのですが、多色性ははっきりしているのが特徴です。ということは、宝石質の大きな結晶をカットしようというときには、美しさが映えるように慎重にカットの方向を見極めねばならないということです。

クンツァイトについてもう一つ注意しなければならないのは、この宝石鉱物――リチア輝石――には特定の方向に割れやすい「劈開性《へきかいせい》」という性質があることです。クンツァイトの劈開は、結晶の長く伸びる軸を含んでほぼ直交する二つの面でスッキリ割れるもので、しかも非常に割れやすいのです。劈開性の強い結晶は、たとえば研究用に決まった形の試料を切り出そうなどとして結晶に下手にクリスタル・カッターの刃を当てると、パリンと割れてしまうこともあるのです。衝撃に対しても同様で、落とすなどして強い衝撃を受けたときに運が悪いと劈開に従って割れてしまうこともあり得ます。宝石質クンツァイトは結構大きな結晶になることも珍しくありませんが、こういった気難しい性質があるためか大型のカットストーンにはなかなかお目にかかれません。

クンツァイトには、色違いの兄弟がいます。一つは黄金色に輝くトリフェーン。鮮やかなその色は、不純物であるごく微量の鉄によっています。もう一つは控えめな緑色のヒデナイトで、ごく微量のクロムが発色に関係しています。クンツァイトもこれら二つの兄弟も発色メカニズムは着色中心によるとされていますが、この判断にはそれなりの訳があり、いずれも「光」に弱いのです。ですから、これらの宝石をギンギラギンのお日様に長い時間さらすのは、絶対にやめてください! 積もり積もって褪色につながります。太陽光のような外からのエネルギーへの耐性が乏しいということは、外から細工して色を向上させることもできるということを意味します。実際に、ブラジル産クンツァイトの色の淡いものは、放射線処理を行って色を濃くする場合があると知られています。

誰がクンツァイトをもたらした?

宝石になるクンツァイトは、最初の発見地であるカリフォルニアだけではなく、ノースカロライナやサウスダコタからも見つかりました。こういった産状からまるでアメリカ合衆国を特徴づける宝石のようでしたが、やがて南米ブラジルに大産地が発見されて、世界どこでも産出しうる宝石へと理解が変わりました。ブラジル産のクンツァイトは色が淡い傾向があり、また、やや黄色味を帯びて淡いサーモンピンクになることも珍しくありません。私はこの色を好ましく思うのですが、世間はどうも違うようで、この種の石はしばしば真のピンクに寄った色になるように放射線処理されると聞きます。

大産地ブラジルも一九七〇年代に入ると徐々に産出量が下り坂になりますが、代わって脚光を浴びたのがアフガニスタンでした。アフガニスタンの首都カブールの北東、パキスタンとの国境にあるヌリスタン地方に、良質のリチア輝石の大産地が見つかったのです。アフガニスタン産の宝石質リチア輝石は主にクンツァイトですが、淡い黄色の透明度の高いものも大量に見つかっています。ここのクンツァイトは、地色のピンクも多色性も強い傾向がありました。最も濃色になる方向から見たピンク色のトーンは、底抜けのショッキング・ピンクというよりはやや紫色を帯びた落ち着いた濃ピンク色からライラック色が多いように思われます。

この美しいクンツァイトたちは、では、誰によって世界の宝石界にもたらされたのでしょうか？

アフガニスタンは、シルクロードの時代から多くの民族が行き交い衝突を繰り返す、民族の交差点でありました。十九世紀になって、インドを手中に収めたイギリスが介入して人為的に国境を定めたこともあり、近世には四つの主要民族が、隣国勢力とともに主導権を争う紛争の地となりました。一九七三年に王制が倒れて共和制に移行したものの、隣国ソ連（当時）の影響を受けた政権が、民族意識に目覚め力をつけつつあった国内イスラム勢力と対立する方向に近代化を進めたことから、国情は不安定さを増しました。そしてついに一九七九年十二月に、隣国イランでのイスラム革命の波及を恐れたソ連が軍事侵攻するに至りました。

折も折、私が所属していた工業技術院地質調査所（当時）では、アジア地域各国の鉱産資源についての国際シンポジウムを、新装なったつくば研究学園都市の庁舎で開催しました。アジア各国の地質調査所や鉱山局など、鉱産資源を所轄する機関の代表が集合したのですが、そこでアフガニスタンについては「招待したが国情により連絡不能」と紹介されたことを記憶しています。自分たちの仕事が世界情勢に結びついていることを、自覚させられた瞬間でした。

ソ連によるアフガニスタン介入は、実質的に敗退で終わりました。ソ連の介入を南下政策と見たアメリカが、対抗のためイスラム勢力に資金と武器を供与し、ソ連とその傘下の政権に対する抵抗を強靭化したことが敗因の一つです。ソ連撤退後も大量の武器は現地に残り、これが従来の民族抗争を激化させることになりました。さらには、イスラム勢力内の対立や、パキスタン発のタリバーンそしてサウジアラビアの影響がささやかれたアルカイダといった過激な外国勢力の参入もあって、アフガニスタンの情勢は混迷しました。反ソ連の立場をとっていたイスラム勢力を支援したアメリカは、二十世紀末から一転してイスラム過激派を自国の敵とし、この地域をタリバーンやアルカイダの根城と見て介入してきました。結果、地域の混迷はますます深まったわけです。

アフガニスタン発のクンツァイトが世界の宝石界に大量に流れ込んだのは、まさにこのタイミングでした。バブル経済の名残でまだ金余りであった日本でも、ヨーロッパやアメリカですでに定着していた鉱物・宝石の業界向け展示即売会、つまりミネラル・フェアが開催されるようになっていました。ここにアフガニスタン産宝石質リチア輝石が登場したのです。

一九八〇年代のある年のミネラル・フェアで私の目をとらえたのは、それまで見たこともないような透明で大型の、いくつものリチア輝石の結晶でした。お店を開いていたのは、いかにもイスラム風に髭の濃い、がっしりした体格の浅黒いおじさん。ヨーロッパやアメリカから参加するスマートなディーラーさんたち、また、当時増えつつあったインドや中国からの熱気あふれるディーラーさんたちとは明確に違う、目の鋭い独特の雰囲気の方でした。

ミネラル・フェアの雰囲気に合わないこのお方がいわゆるアフガン・ゲリラの一人だったかどうか全くわかりません。しかし世界のいろいろなところで、いろいろな機会をとらえては、クンツァイトに代表される各種のアフガニスタン産宝石鉱物が換金されたことは間違いないでしょう。そしてそれらを掘り出し供給した現地の人々の中には、まず間違いなく紛争当事者がいたことでしょう。クンツァイトは端正なカットストーンになって、多くの人々を飾りました。その経済的対価は、はたしてアフガニスタンに平和に暮らす人々の安定と向上に貢献したのでしょうか？　絵本『せかいいちうつくしいぼくの村』[3]に登場するヤモ君たち、また、アフガニスタンの自力灌漑に尽力した故・中村哲医師が思い描いた光景が実現するように、使われたのでしょうか？　おそらくそうではなかったのではないかと思います。

紛争は、残念なことにこの地球上からなくなるどころかあちこちで勃発し、平和と民主、人間らしい暮らしを願う人々の思いを踏みにじり続けています。悲しいことに、こういった紛争の陰に宝石が存在することも少なくないのです。二十世紀末から今世紀初めにかけて、いわゆる「紛争ダイアモンド」が国際問題になったことを契機に、ダイアモンドについては非人道的採掘や取引が介在しないよう、「キンバリー・プロセス」と呼ばれるトレーサビリティーを確保する制度が立ち上げられました。しかし、ほとんどの宝石鉱物はまだ野放しのままです。宝石の煌めきの陰に流される血がある——こういった現実を忘れてはならないと思います。

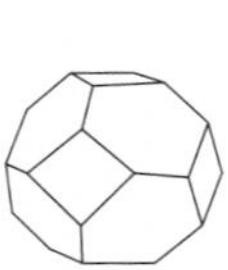

October

十月　オパール

プレイ・オブ・カラー

九月には新たにクンツァイトが誕生石の仲間に入りました。ところが、です。九月、十月、十一月という秋の三ヶ月に新たに加わった誕生石は、クンツァイトだけなのです。なんという不公平！　この本を書くにしても、ちょっと困ってしまうアンバランスさです。仕方がないので、この先は従来の誕生石たちについて、宝石としての秘密をちょこっと書いていこうかと思います。

さて十月ですが、この月の誕生石は、まずよく知られる「オパール」です。加えて、あまり目立ちませんが、「トルマリン」も十月の誕生石に列せられています。もしもこの二つの宝石に共通する特徴があるとするならば、それは色彩の魔術師ということでしょうか。ただし、魔

プレシャス・オパール

堆積岩にできるオーストラリア・オパールの中には、化石がオパール化したものもある。標本の径それぞれ約２cm

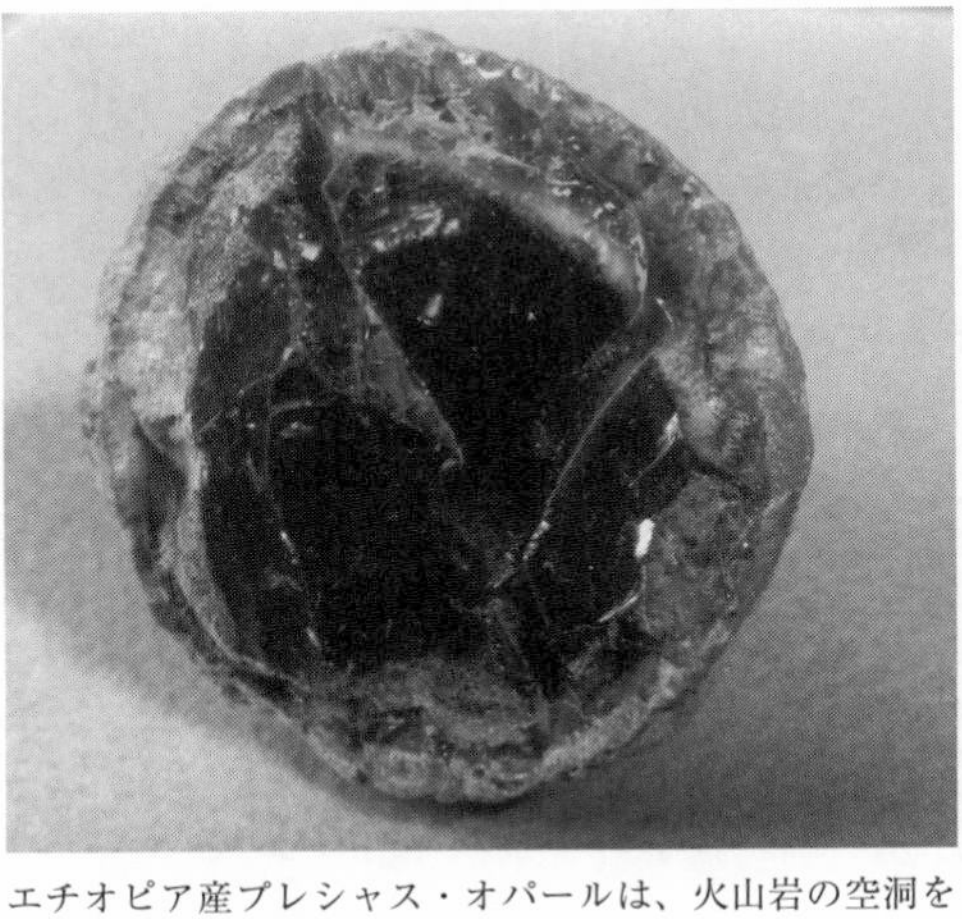

エチオピア産プレシャス・オパールは、火山岩の空洞を埋めて産する。標本の径約４cm

術の仕掛けは違っています。

まず初めにオパールを取り上げましょう。オパールといえば、暗黒の地に花火のような赤、緑、青の大柄な光のスポットが浮かぶ、オーストラリア産の「ブラック・オパール」を思い浮かべるかもしれません。また、同じオーストラリアのオパールでも、優しい乳白色の地に赤や緑の光がチカチカ瞬《またた》く「ホワイト・オパール」のほうが好きという方もおられるでしょう。いえ、私のオパールは朱色の透明な地の中に黄色や緑の大きな光が瞬くタイプなんですけどという方がおられたら、それはおそらくメキシコ産の「ファイア・オパール」かと思います。どのオパールでも、色とりどりの光のスポットが石のどこで発しているのか、ぐるぐる見回してみてもちょっとよくわからなくありませんか？　まるで石の中での光の遊びを外から眺めているような。というわけで、オパール独特のこの色彩効果を「遊色」、英語で「プレイ・オブ・カラー」と呼びます。これが宝石オパールでの色彩の魔術です。

こんな遊色を見せて宝石になるのはオパールのごく一部で、「プレシャス・オパール（貴蛋白石）」と呼ばれるものです。特別なプレシャスがあるのだから普通なコモンもあるだろうといえば、遊色どころか透明感さえない「コモン・オパール」つまりただの蛋白石というものがちゃんと存在し、当然そちらのほうがよく出てきます。コモン・オパールのごく一部は全体が柔らかい中間色に着色し宝飾品に使われますが、多くはまるで固ゆで卵の白身のように真っ白で、しかも割れ方まで白身チックな代物です。見れば納得、蛋白石というわけです。プレシャス・オパールもコモン・オパールもともに、砂が固まった砂岩を代表とする「堆積岩」や、逆にマグマが地表付近で固まった「火山岩」の中に出ます。オーストラリア・オパールは堆積岩の中にできるオパールの代表で、一方メキシコ・オパールや最近よく目にするようになったエチオピア・オパールは火山岩にできるオパールの代表です。母岩がどうあれ、オパールは深い地中で地下水の働きも手伝ってできる鉱物です。

卵の白身的なコモン・オパールとプレシャスな宝石を峻別する遊色は、ではどのように生まれるのでしょうか？　オパールの遊色をよく見てみれば、それは光の七色そのままの煌めきであることがわかります。つまり遊色はオパール自体の地色ではなく、オパール内部の「何か」が、入ってくる光を七色に分光して、観察する私たちに返していることを意味しています。この「何か」こそが、オパールの光の魔術のタネなのです。

オパールが化学的には水を含んだ二酸化珪素（シリカ）であることは、比較的早くから知られていました。しかしただの含水シリカには遊色は認められません。何が遊色をもたらすのか、鉱物学の始まりのころから様々な議論がなされてきました。オパール内部に生じたごくごく微

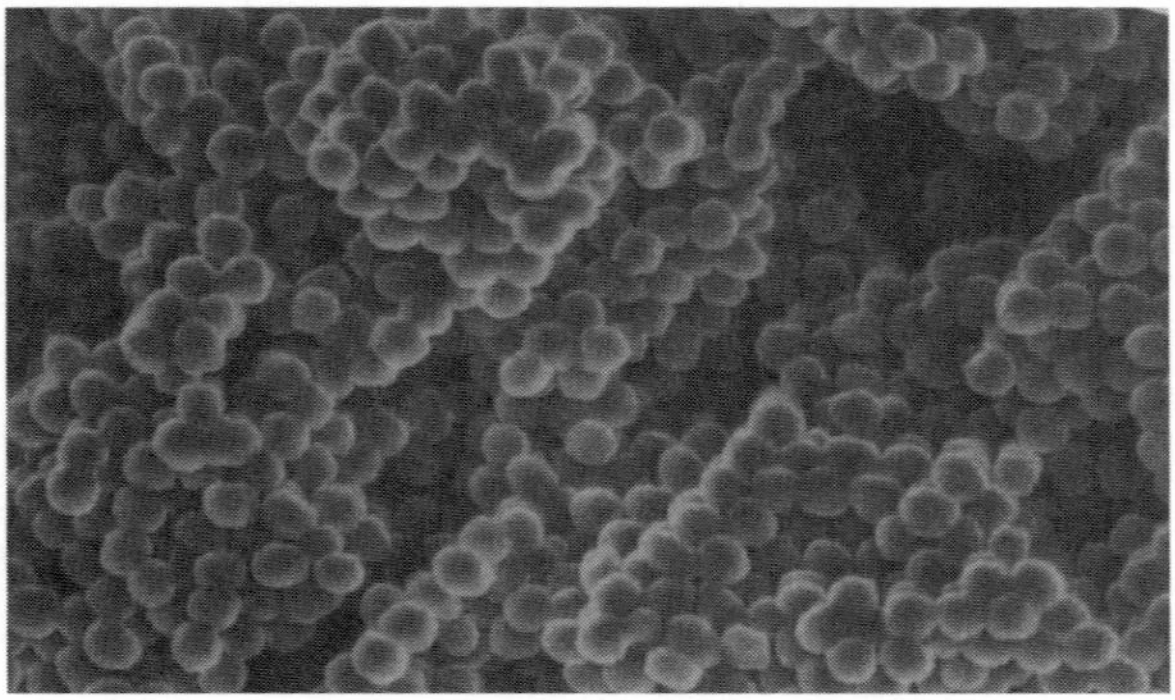

プレシャス・オパールの内部構造（電子顕微鏡写真）。シリカ球が規則的に並んだ層が同じく一定の規則性で積み上がっている。画像横幅＝約５μm

細な割れ目も、原因としてまじめに取り上げられたことがあるくらいです。皆さんも見た経験がありませんか、ガラスなど透明な物の中に入った細かなヒビのところが虹色に見えることを。オパールの遊色も同じ効果で発生すると考えた人がいたわけです。

オパールのミクロな構造と遊色の関係は、一九六〇年代に電子顕微鏡が鉱物学の世界で広く使われるようになって、ようやくわかり始めました。宝石質オパールを電子顕微鏡で観察したところ目に入ったのは、数百nm（ナノメートル）くらいの小さな径のシリカの球体が整然と緻密に並んで層をなし、それが上下に部分的な規則性を持って重なるものでした。

一nmは一mmの一〇〇万分の一。普通に小さいものの大きさについていわれる一μm（マイクロメートル）の一〇〇〇分の一という、とても目に見えない

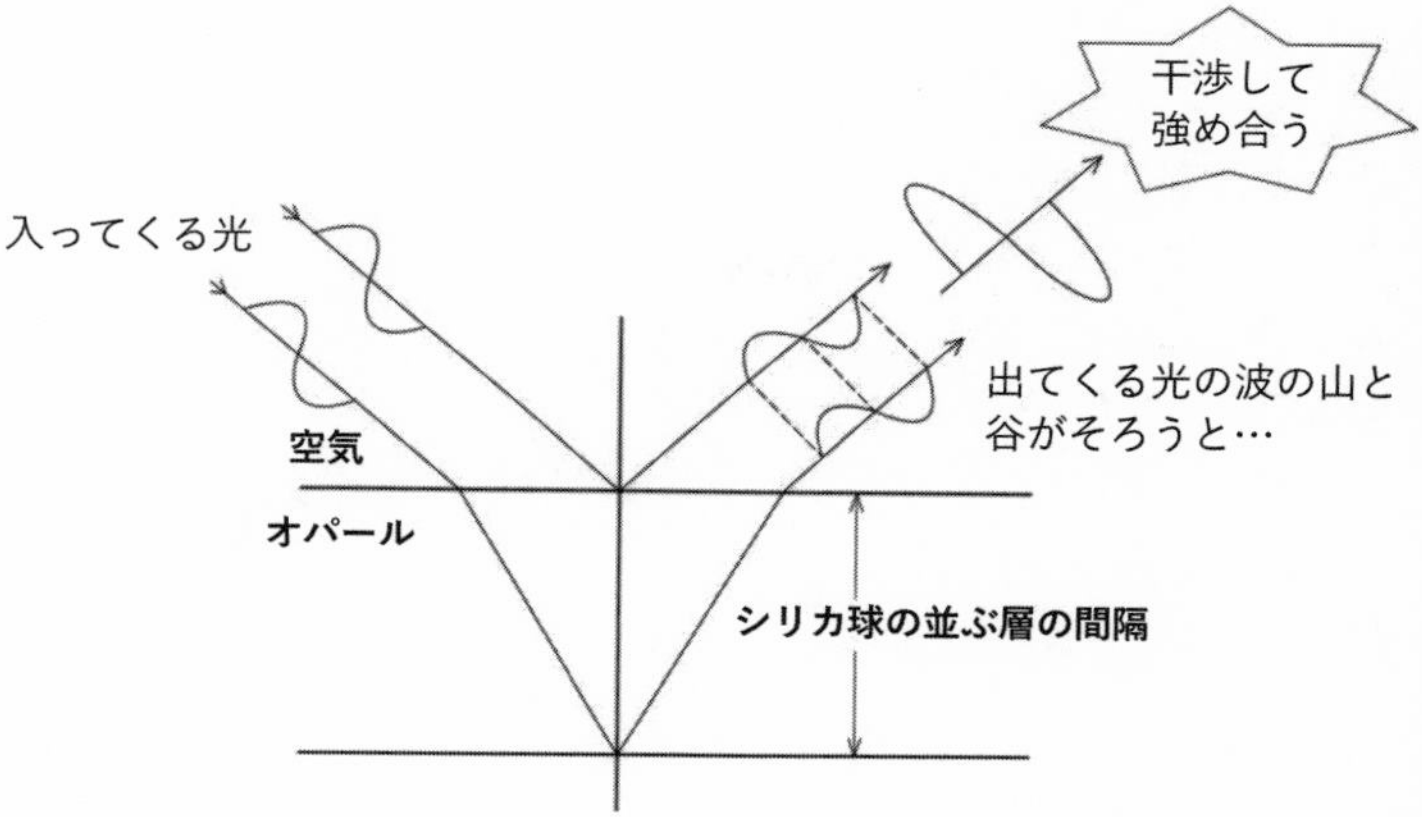

オパールを煌めかせる薄膜干渉。光の波長程度の間隔のごく細かな層状構造が、光を通す性質の物質内にあるときに起きる。オパールの煌めきの場合は、シリカ球が規則的に並んだ層が、等間隔で積み上がっている時に起こりうる

小ささです。

マクロ的には一見均質で透明な物質の内部に、密度や光の屈折率の違いによる層状構造があり、その間隔が可視光の波長（三八〇～七七〇㎚）程度のごく細かなものである場合があります。こういった物質に光を当てると、物質の内部で光が構造によって回折され（つまり、境界面で反射され）、いろいろな層から跳ね返ってくる光が干渉して強めあう現象が起きます。物理の世界で「薄膜干渉」と呼ばれる現象です(4)。

プレシャス・オパールでのシリカ球の大きさはちょうど可視光の波長程度なので、球が並んだ層の間隔も同じくらいになります。つまり、光の回折と干渉を起こすのにちょうど

よいサイズであったわけです。宝石質オパールをよく観察すると、全体が単色の煌めきを発することはほとんどなく、様々な大きさで部分ごとに違った色に煌めくことがわかります。つまり光を回折・干渉させる層状構造は、オパールの塊全体に同じように存在するというわけではなく、部分的に向きを変え、広がりを変え、おそらく間隔も変えつつ発達するものなのでしょう。宝石オパールの場所ごとに異なる色彩、そして見る角度によって現れたり見えなかったりする煌めきは、光の回折と干渉を起こす層状構造のサイズと発達具合が均質ではないことによると考えられます。

ただの白いコモン・オパールも、ナノメートル・サイズのシリカ球から成り立っている点は、プレシャス・オパールと変わりません。しかしコモン・オパールでは、シリカ球の並びは規則的ではなく乱雑で、このためオパールに入った光は、あらゆる方向に散乱され、遊色つまり規則的な光の干渉は起こり得ません。

水の宝石

シリカの球の規則的な配列・積層に加えて、水の働きも重要です。繰り返しますが、オパールはシリカ球の積み上がりの隙間に水分子が入り込んでいる含水シリカです。オパールでの含水量は最大二一％に及ぶとされ、宝石質オパールの場合はおよそ一〇から一六％の水が含まれています。一〇％以上も水なんですよ！　だからオパールは、大変乾燥に弱い宝石でもあります。プレシャス・オパールの中には水の中でないと遊色を保つことができず、水から揚げると遊色どころか乾いてカサカサの台無しになるタイプさえあります。コモン・オパールの白い不透明な見かけには、シリカ球の隙間の水が脱水し代わって空気が入り込み、空隙となることも原因となっているのではないかと考えられています。

おそらく世界的な美しさだと私が思うオパールが、福島県の西会津に産します。その遊色はスケールが大きく、また輝きが強く、誰をも魅了するに違いないと確信します。ところが残念なことに、ここのオパールは水から揚げられるものに極めて乏しいのです。明治から戦前にかけて採掘された実績がありますが、宝飾品への加工に耐えられないものが少なくなかったと伝えられています。(4)現代の進んだ物質科学の力で、この問題をなんとか解決できないのでしょうか？　仮にここのオパールが加工に耐え、宝飾利用できるのであれば、これは立派な宝石素材として地場産業を興し地域振興に役立つのではないかと思うのですが。

オパールはこういうわけで、水の宝石といってもよい性格のものです。語呂合わせではありませんが、無色透明な地に虹色の遊色が煌めく「ウォーター・オパール」というタイプのプレシャス・オパールだってあるのです。ですから、多くのオパール、特にオーストラリア・オパールやメキシコ・オパールは、時々水につけることで見違えるように艶めくようになります。逆に注意が必要なのは、最近市場に出回るエチオピア産のオパールで、こちらは水を吸うことで透明度が落ちてしまうケースも知られています。オパールと水は切っても切れない関係にありますが、取り扱いが一筋縄ではいかない難しさも兼ね備えています。

ところで、ここまでオパールのことを「シリカ球の積み上がり」と表現してきましたが、これまでの宝石のような原子の規則的積み上がりという言い方はしてきませんでした。オパールは原子の規則的な積み上がり、つまり結晶なのでしょうか？

意外なことに、最も有名なオーストラリア産の宝石質オパールは非晶質、つまりガラスでした。あまたのオパールの中には、X線で調べるとある種のシリカ鉱物にあたるものもあると知られていますが、オパールの代表ともいうべきオーストラリア産オパールそして多くのプレシャス・オパールは、結晶ではなかったのです。オパールは、非晶質であるにもかかわらず鉱物として取り扱われる、特異な存在でもあるのです。

ということは、電子顕微鏡で見えた小さなシリカ球は、吸湿剤のシリカゲルの玉と親戚ということなの？　そうなっちゃいますねぇ。だから自然はとても面白いと思いませんか？

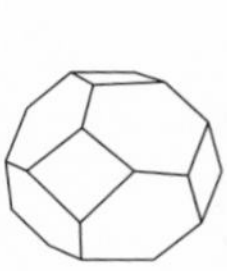

October

十月 トルマリン

　次は十月のもう一つの誕生石「トルマリン」をご紹介しましょう。トルマリンは日本語で「電気石」と呼ばれる鉱物一族の英名で、語源はスリランカの言語シンハリ語で多彩な色を意味する「トゥルマリ」とされます。そして宝石トルマリンは、語源の通り多彩な色彩の宝石なのです。まさしく色彩の魔術師と言いたくなります。

　トルマリンの宝石言葉は、希望・無邪気・潔白・友情・寛大と、ちょっと欲張りすぎではと思うほど多様です。おそらくこれは、宝石トルマリンの多様な色に合わせるように宝石言葉が選ばれてきた結果なのではと思われます。

　先だって紹介した十月の誕生石オパールは、含水シリカという単純な化学組成でした。これに対してトルマリンつまり電気石ファミリーは、化学的に極めて多様です。しかしこの多様性

電気石の結晶図。電気石の結晶は、両端が対称な形ではない。図でｒとした面の位置が60度ずれている

は、宝石トルマリンの多彩な色に必ずしも結びつくものではありません。

宝石トルマリンが属する電気石ファミリーは、酸素と珪素からなるおなじみのシリカ四面体が骨格を作る、珪酸塩鉱物一門のメンバーです。電気石ファミリーでは六個のシリカ四面体が互いにつながった六角形が骨格をなし、骨格の様子はエメラルドなどベリルの仲間と同じです。このため電気石グループは、外形も六角形っぽい柱のような結晶になります。

電気石ファミリーのもう一つの特徴は、ホウ素と酸素が結びついた「ホウ酸イオン」が、シリカ四面体とともに結晶の骨格を作っている点です。シリカとホウ酸が協力して結晶構造を作る鉱物の仲間を、専門的には「ホウ珪酸塩鉱物」と呼びます。電気石は代表的なホウ珪酸塩鉱物でもあります。

シリカ四面体の六角形とホウ酸基の骨格に加えて、電気石ファミリーはいろいろな金属イオンと水の成分（水酸イオン）も含みます。宝石トルマリンは、これまで紹介してきた宝石たちより多種多様なもので出来上がり、化学的にはとても複雑です。金属イオンの入る場所（席と呼びます）には、専門的にはX、Y、Zと固有の名前がついていて、それぞれにいろいろな違った金属元素が入ることで、全部で一五種類以上もの鉱物が電気石ファミリーに加わっています。(5) しかしその中で宝石として使われるのは、Xがナトリウム、Yがリチウムとアルミニウム、そしてZがアルミニウムである「リチア電気石」、英名エルバアイトが圧倒的なのです。

リチア電気石は色を出す遷移元素を主成分に含まず、したがって本来は無色です。リチア電気石の屈折率は宝石鉱物としてそう高いほうではないので、カットストーンもくっきりした輪郭にならず、また光を七色に分ける光学的分散も高くないため、ダイアモンドのようなファイアは望めません。残念ながら無色のリチア電気石は、宝石としての魅力に乏しいといわざるを得ません。しかし元が無色であるということは、微量の不純物元素によっていかようにも発色する可能性を持つわけで、事実、宝石となるリチア電気石は赤系・緑系・藍色系と実に多彩です。まさに語源「トゥルマリ」の意味「多様な色」の通りではないでしょうか。

赤・緑・藍色のトルマリンには、それぞれの色にちなむラテン系の言葉から宝石名がついています。紅色からピンク色のものがルベライト、緑系がヴェルデライト、深い青から藍色のものがインディコライトです。ルベライトの語源はルビーの語源と同じ「ルベウス」です。赤系の色は微量のマンガンを含むことで発揮され、マンガンの量が少ないと色調も淡色に寄ってピ

宝石質トルマリン。ブラジル産。画像での結晶の長さ＝約5cm。暗いところは紅色、明るいところは淡緑色、このような変化はごく普通に見られる

ンク色になります。しかしこのピンク色の石は最近特に魅力的とされ、ルベライトからわざわざ分けてピンク・トルマリンと呼ぶことも多くなってきました。ピンク・トルマリンは愛の石とも呼ばれ、いかにも愛のアイコンにふさわしそうです。

緑系のヴェルデライトの「ヴェルデ」は、ポルトガル語の「緑」そのものです。Jリーグの東京ヴェルディのチームカラーと、名前のルーツは同じです。ヴェルデライトの石言葉は「心の安定」とされますが、これはほかの緑色の宝石と共通するものです。青系のインディコライトの名は、藍色あるいは藍色の染料である「インディゴ」に縁があります。インディコライトは、「芸術的な鋭敏さ」の象徴とされることもあります。

このように多様な色彩で魅了するトルマリンは、そもそもは生地が無色であること、それが着色性の微量元素を様々に受け入れることで成り立つものです。これこそが、トルマリンの色

パライバ型トルマリンの産地。大西洋ができて大陸が移動する前、南アメリカとアフリカは一続きだったと考えられている。そうすると、ブラジルの産地とナイジェリアの産地はどういう位置関係になるでしょうか？　想像がふくらみます

彩の魔術の種明かしです。

ほぼ何でもありの色調を持つトルマリンについてちょっと悪口を言えば、もともとの鉱物本体が化学的に複雑であるせいなのか、色が暗めですっきりしないことが挙げられましょう。このため、色を明るくすることを目的にした加熱処理も広く行われています。

でもトルマリンには、そんな陰口を吹っ飛ばすような奥の手があります。ネオン・カラーといわれるスカイ・ブルー、コバルト・ブルー、ブルー・グリーンなど鮮やかな色が目を射る、「パライバ・トルマリン」です[6]。鮮やかな青系の色の主原因は微量に含まれる銅で、このため鉱物の専門家はわざわざ「含銅リチア電気石」と呼んだりします。宝石質

のトルマリンはブラジル内陸のミナス・ジェライス州が大産地なのですが、このネオン・カラーのバラエティーは、ミナス・ジェライス州の北にあり大西洋に小さな間口を持つパライバ州にしか産出しません。ご本家のパライバ・トルマリンは残念ながら現在ほぼ絶産し、このためよくある他の宝石トルマリンよりはるかに小さなカットストーンが、目の飛び出るような高値で取引されています。最近はアフリカのナイジェリアとモザンビークから似た質の青いトルマリンが産出するようになり、それが望みを繋いでいます。

トルマリンの着色は微量の不純物元素によるため、結晶が育つうちに含む不純物の量や種類が少しずつ変わって、その結果一個の結晶が部分ごとに違った色になることが珍しくありません。国立科学博物館での宝石展では、長〜く育ったトルマリン結晶の根元は無色で先のほうが緑色（つまりヴェルデライト）である標本が、「鉱物界の長ネギ」と話題になりました。「長ネギ型」よりよく見る色違いは、紅色と緑色のアンサンブルでしょう。柱状結晶の一端が緑、反対側の一端が紅色というバリエーションは比較的よく目にすることができ、それらはタイピン用に細長くカットされてびっくりするような値段で店頭に並んだりします。また結晶の長さ方向ではなく中心から外側に向かう変化をして、中が赤、外側が緑という結晶にもよくお目にかかります。このタイプは柱状結晶を外から見ると何やら黒ずんでいるだけで面白くないのですが、輪切りにした薄板は中心の紅色のすぐ外側にうっすら無色の部分を挟んで最も外側の緑に移行する色合いとなり、まさに「ウォーターメロン（西瓜！）」です。ウォーターメロンの薄板は、ペンダントなどに愛用されています。

宝石トルマリンになるリチア電気石は、希元素リチウムを濃集するリチウム・ペグマタイトを特徴づける鉱物です。クンツァイトになるリチア輝石とよく一緒に出てきます。クンツァイトはピンク色でトルマリンが色とりどりなんて、リチウム・ペグマタイトってなんてきれいな石なんだろうと思いませんか？　本当にそうなのです。リチウム・ペグマタイトでは、普段は地味な雲母でさえ、薄紫色の「鱗雲母」という特別のものが出たりします。

ちなみに、産総研のある茨城県の北部の旧・久慈郡里美村には、全国的に有名なリチウム・ペグマタイトである「妙見山ペグマタイト」があります。薄いピンク色や緑色のリチア電気石は妙見山ペグマタイトの華ですが、残念ながら結晶は不透明で宝石質とはとても呼べません。リチウム・ペグマタイトは国内でも三ヶ所ほどしか産地がない、貴重なものです。妙見山ペグマタイトも、現在の常陸太田市の天然記念物に指定され、鉱物採集はできません。つくば市にある産総研の博物館「地質標本館」や坂東市のミュージアムパーク茨城県自然博物館には大きな標本が展示されていますので、そちらを見て堪能してください。

よくある黒い電気石。本来の姿は端正

リチウム・ペグマタイトでないと電気石に出会えないのかというと、全然そんなことはありませんよ。リチア電気石ではない電気石は、全国どこにでもある花崗岩のペグマタイトによく現れる鉱物です。こんなわりとよくある電気石は、化学的には鉄に富んだ種類で、なんとなく歪んだ六角柱状の結晶外形に注意しないとまるで炭の燃えさしか何かのように見えます。同族にリチア電気石がいるものだからどうしても華がないということになりますが、最近はなぜかパワーストーンとして人気があります。

ところで、トルマリンの和名はなぜ電気石なのでしょうか？　結晶の両端を導線でつなぐと豆電球が点灯する……なんてことではありません！　鉱物和名はその著しい焦電性、つまり高い温度に加熱すると結晶の両端が正と負に帯電する、つまり静電気を帯びることに基づいています。鉱物の中でも電気石は特にその性質が著しく、上手にやると一㎝角くらいの紙片をくっつけて持ち上げることができるほど帯電します。この性質は、電気石の分子自体の元素配列による「電気的分極」という性質を、マクロ・レベルで表すものです。結晶の特別な物理的性質としては、結晶に圧力を加えることで電荷を帯びる圧電性がよく知られており、電気石のような焦電性を持つ結晶は常に圧電性を持ちます。しかし、逆は必ずしも成り立たずで、つまり焦電性結晶のほうがより限定的で特別な存在なのです。

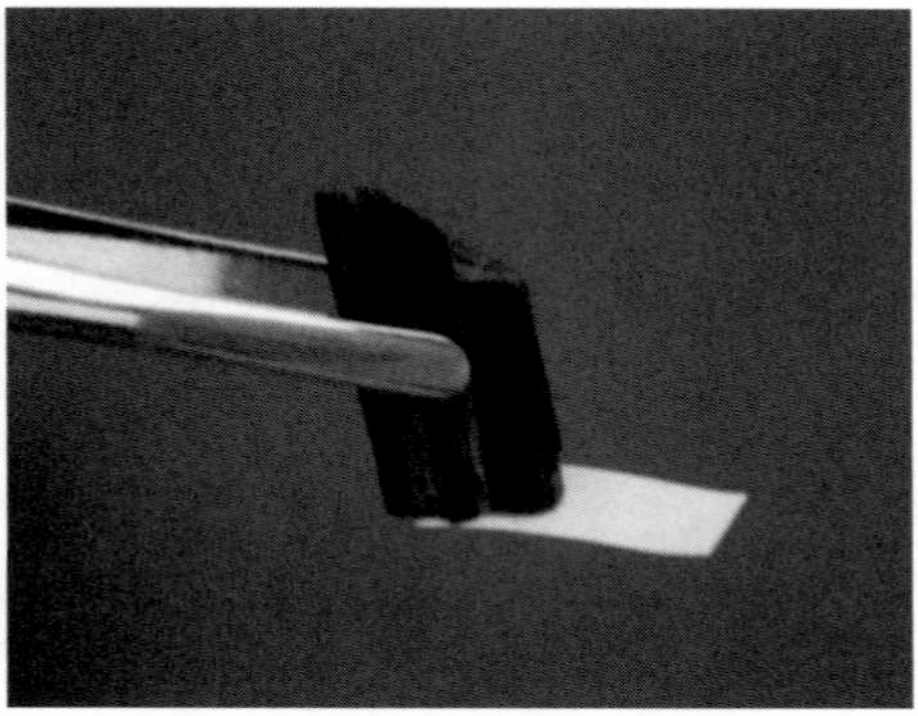
焦電性の実験

電気石を使った焦電性の実験は家庭でもできそうな簡単な実験ですが、注意しなければならないのは一五〇～二〇〇度という結構な高温に加熱しないと十分に帯電しないことと、電気石の結晶は脆くて加熱によって破損しやすいことです。なけなしのきれいなリチア電気石をコンロであぶって焦電性を確かめようとしたら、途中ではじけ飛んでしまい、おまけにカケラに当たって火傷しちゃったなんてことにならないよう、お気をつけください。

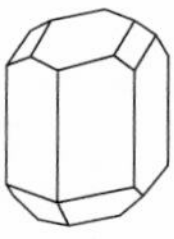

November

十一月　トパーズ

インペリアル

とうとう枯葉の季節が来てしまいました。何かしら人恋しくなり、温もりを求めたくなる十一月――今月の誕生石は「トパーズ」です。その赤みを帯びた色調は、いかにもこの季節にふさわしく思われます。

トパーズの名は、かつて「トパゾス島」と呼ばれた紅海の島の名に由来しています。この島は常に深い霧に閉ざされ、宝石探索家が場所を探すのに難儀したことから、ギリシア語の「探し求める　トパゾス」にちなんで名づけられたとされます。この名を持つ島から産出した宝石がトパーズだったわけです。

ところでこの島、現在は何と呼ばれているのでしょうか？　それはゼベルゲット島、欧米系の呼び方ならセント・ジョンズ島です。あれっ、どこかで聞いたなとお気づきではないですか？「夏」章の八月の誕生石「ペリドット」を見直してください。セント・ジョンズ島はペリドットの大産地でありました。ではこの島は、トパーズも産出していたのでしょうか？どうもそうではないようです。セント・ジョンズ島は玄武岩の島で、ペリドットは「豊作」でもトパーズが出そうな地質条件ではありません。実際、現代科学の目でこの島を調査しても、ひとかけらのトパーズも見つかっていないのです。一方、古代の文献に見る「トパゾス島のトパーズ」の性質は、私たちの知るトパーズではなく、むしろペリドットに合うようです。たとえば、古代エジプトの王朝に献上された「トパーズ」はやすりで研磨加工できたと記述されていますが、私たちの知るトパーズはモース硬度が八でやすりよりも砂埃よりも固く、古代の方法のように加工することはできません。どうも宝石鉱物ごと混同されていたらしいのです。

十一月の誕生石であるトパーズは、色や硬さもペリドットとは違い、また結晶は伸びの方向に垂直にパリンと割れるというペリドットにない特徴を持ちます。共通するのは、トパーズもペリドットも珪酸塩鉱物としての細分が同じであること、原子の積み上がり方に基づく結晶系が「直方晶系」であること、そして短い柱状で先がちょっと尖った形の結晶になることでしょうか。

いろいろな形のトパーズ結晶。パキスタン産。結晶の長さは２～３cm

トパーズは、アルミニウムとシリカ、それにフッ素と水（水酸イオン）という、典型元素のみでできている鉱物です。ということは、遷移元素が成分じゃないので原則は無色の鉱物かと思ってくれたあなた、わかってますねぇ、そうなんです。化学組成から期待される通りの無色のトパーズは珍しくありません。でも、宝石としてはどうでしょうか。こんなトパーズは錫や、レア・メタルの一種でもあるタングステン資源のお友達で、これら資源のもととなる鉱物がたくさん出る「鉱床」の岩石によく出てきます。

宝石トパーズは黄玉の和名のとおり、黄色い色合いの宝石の代表であり、かつては黄色系の貴石の総称でもありました。最高級品のトパーズは、褐色を帯びたオレンジ色の石です。オレンジ色の鮮やかなものほど高く評価されます。こういったトパーズは、ブラジルのミナス・ジェライス州オウロ・プレトの特産といってもよい品です。宝石店でも、単なるトパーズではなく、「インペリアル・トパーズ」という特別な名前で並べられているでしょう。宝石は貴重で高貴といえ、インペリアルの名を持つのはトパーズだけです。この特別な名称は、偽物対策でした。十九世紀末に、紫水晶を加熱処理してオレンジ色に変色させた偽物を、「ゴールデン・トパーズ」あるいは「リオグランデ・トパーズ」などと称して売り出した輩がいたのです。安価な偽物に対抗するためブラジルの宝石商たちは結束し、同国産の本物のオレンジ色のトパーズに、この宝石の愛用者でもあった当時の権力者（皇帝）の称号を冠したのでした。

こうして特別の名を得たインペリアル・トパーズの上物は、本当に輝くようなオレンジ色です。同じ産地からは、明るい紫色、ピンク色そしてほとんど真っ赤といってよいような色のトパーズも少しだけ知られていて、こちらももちろんインペリアルです。ピンク色のトパーズの中には、茶色系のインペリアル・トパーズを加熱処理したものもあります。

国立科学博物館の宝石展では、色石としてピンク色のトパーズだけを使った「ピンク・トパーズとダイアモンドのグラン・パリュール」が、歴史的ロイヤル・ジュエリーの一点として展示されていました。そもそも珍しいピンク色の石の大物をふんだんに使った意匠に圧倒されました。

残念ながら、こういった上物のインペリアル・トパーズの産出は時代とともに激減し、このため徐々に色についての制限も緩んできました。現在よく見るインペリアル・トパーズは、シェリー酒色といわれるように褐色味や黄色味が勝ち、また、淡い色調のものがほとんどです。色石としては目を引く強さがなく控えめであるからか、インペリアル・トパーズはそれほど人気のある宝石とはいえなくなっているようです。

青を良しとするか否か

と、書き進めば、陰から声が。「トパーズって本当に茶色の宝石なの？　私の持っている青いのと全然違うんだけど」

そうなのです、これが大問題なのです！　最近はトパーズといえば、涼しげなブルーの石が広まり、晩秋ではなく夏向けのジュエリーになくてはならない宝石となっています。この傾向は、特に量販店の店頭で顕著なようです。ブルーのトパーズは古典的なオレンジ系のトパーズと全く印象が違い、はたしてこの二つが同じ宝石鉱物なのかと怪しんでしまいます。仮に同じ鉱物であったなら、両者はどういう関係にあるのでしょうか?

結論を先に述べましょう、両者ともトパーズです。そして最近よく見るブルー・トパーズは、実はあまり色の冴えない青系のトパーズを放射線処理したものなのです。天然でも青いトパーズは産出します。しかしその色は、多くの場合、宝飾店に並ぶブルー・トパーズとは遠い、地味でほんのりした薄水色です。無処理で宝石にふさわしい美しさと品格を備えたブルー・トパーズは極めてまれで、入手困難な品なのです。

トパーズの色は、褐色系でも青系でも、着色中心の作用によります。自然なトパーズが色づくのは、本来無色なものが地質学的な長時間をかけて自然レベルの放射線を浴びることによります。インペリアルと呼ばれる鮮やかなオレンジのトパーズも、冴えない淡褐色のよくある天然トパーズも、比較的まれな天然の薄水色のトパーズも、発色のメカニズムは基本的に同じです。

ですからトパーズの色は、もともと安定性を欠くものと考えるべきなのです。日本は実は過去に見事なトパーズの結晶を結構大量に産出していて、今でも各地の博物館でしばしば目にすることができます。それが残念なことに見事に褪色して無色に近づくケースがあるんです。

お恥ずかしいことながら、私がかつて在籍した産総研の博物館「地質標本館」でも同様のことがありました。地質標本館の目玉の展示品であるトパーズは、故・今吉隆治さんのコレクション「今吉鉱物コレクション」の中の一点で、一〇センチメートル超級の大きさを誇る明褐色の標本でした。[7] 今吉鉱物コレクションについては標本カタログという写真集を制作・出版しましたが、元の画像は一九八〇年代初めですから当然フィルム写真であり、現在のデジタル写真と違ってコンピュータ上での改質など望めない性格のものでした。そんな元データから印刷した標本カタログを、問題のトパーズの展示を始めてから二十年近くたったある日、何気なく実物と見比べて、肝心の標本の色が明らかに薄くなっているのを発見してしまったのです！標本はまだ淡褐色といえるレベルに色づいてはいましたが、経緯を知らない若手の人も色の変化に納得するような、大きな変貌を遂げていたのです。当然、この標本は収蔵庫に戻され、これ以上褪色しないようしっかりした管理下に置かれました。

このように、着色中心で発色するトパーズの色は安定ではない場合があります。強い直射日光にさらし続けるのや、普段から手持ちのライトを当てて鑑賞しているなどということも、お勧めできません。

しいて言えば、本物のインペリアル・トパーズはまだ色を保つ力が強いようです。実はインペリアル・トパーズは水酸イオンがフッ化物イオンより多いという、化学組成上の特徴があるのです。実験室での合成研究からは、水酸イオンの多いトパーズはフッ素の多いトパーズよりも高い圧力のもと、つまりより地下深くで誕生したらしいことがわかっています。より過酷な環境下で生まれ育ったもののほうが、光の作用のような逆境にも強いということなのでしょうか。着色中心で発色するということは、逆に外的なエネルギーを作用させてそれを導入することで、色の向上が図れることも示唆します。覚えておられますか、塩化ナトリウムにX線を当てていたら変色してしまい、実験していた学生さんがパニクった話を。同じように、鉱物を放射線処理して色を変化させることは可能なのです。

放射線を使ったトパーズの人工着色は、一九七〇年代にはまだ開発段階でした。この時代、原子力利用の副産物として様々な種類の人工放射線源が入手しやすくなり、それが従来の加熱・加圧といった処理に加えて宝石の質の改変に応用されるようになってきたのです。大学の専門課程では、外国語論文の紹介や自分の研究の紹介を行う授業が必修科目の一つとして置かれていましたが、私が在学中、将来鉱物学を専攻したいという学部生の一人がここで人工的なブルー・トパーズ化についての論文紹介したことを覚えています。鉱物の色を人工的に変えるという話に、頭の固い私は「え、え、え??」でありました。そのほぼ二十年後にはトパーズの青色化が標準化し、宝石市場でのさばるようになるなんて、想像もできなかったのです。

面白いことにこういった処理に向くのは、もともと色が冴えず安定もせず、宝石利用をあきらめざるを得ない質の石らしいのです。傷はないんだが色に難点が、というランクの石を生まれ変わらせたのですから、目の付け所と技の巧みさには舌を巻きます。

トパーズの放射線処理のように、宝石の見た目の質を向上させるための処理を「エンハンスメント」あるいは「トリートメント」と呼びます。エンハンスメントは本質に響かない程度の質の向上を目的とした操作、一方でトリートメントはもともとの姿から著しい変化を伴っても構わないような処理であるともいわれますが、線引きは難しいようです。また中には宝石利用のために処理が欠かせなくなっている鉱物さえあるのです。天然の宝石鉱物では、上質でも並質でも、そのまま宝石利用できるものは一握りもありません。大勢の人が宝石を求める現代、供給量を増やす必要があり、このためには質の劣る原石の改良は避けて通れないのです。現在広く流通する宝石には，いろいろな意味の処理が不可欠といっても差し支えないでしょう。

現在宝石としてもてはやされるブルー・トパーズは、天然のブルー・トパーズからかけ離れた存在であり、天然自然の姿を理想とこだわりたい私の好みではありません。鉱物とともに仕事をしてきた者として、どうしても抵抗を感じるのです。宝石市場の評価が変わってしまったのも、ちょっぴり悲しいです。暖かい蜂蜜色の天然の結晶をひっそりと愛でて、冬へと移ろう季節を過ごしましょう。

第四章

冬

December

十二月 ジルコン

青い石？

十二月。冬の到来とともに新しい誕生石もやってきました。ジルコンとタンザナイトです。これまでの十二月の誕生石は、空の青さをぎゅっと固めたようなトルコ石とラピスラズリですが、新しい二つの誕生石も青さが引き立つ宝石です。加えて、これらは透明でファセット・カットを施すのに向いた石でもあります。従来の誕生石と同じ青系の宝石ながら、こういった素質を考慮してあえて選んだのでしょう。

まずジルコンから紹介いたしましょう。青さが引き立つと書きましたが、実はジルコンは赤、オレンジ色、渋い黄色や緑色、青色そして無色と、いろいろな色で世にある宝石なのです。ジルコンの名はアラビア語の「ザルクム」に由来するとされますが、この言葉はペルシャ語で金

ジルコンの自然の結晶。パキスタン産、長さ約2cm。ジルコンは正方晶系の鉱物で、断面が正方形で長く伸びた柱の、両端を尖らせた形の結晶になる

を意味する「ザル」と色にあたる「グム」から派生したといわれています。いわれの通りなら黄色系の色であり、実際そのような宝石ジルコンがあります。

一方でジルコンは、ヨーロッパ方面で古くは「ヒアシンス」と呼ばれていた赤色系の宝石のメンバーでもありました。宝石ヒアシンスは、現在の理解でいうと、赤からオレンジ色のガーネットであるヘッソナイト、同じような色のファンシー・サファイア、赤味の強いトパーズなどいろいろな種類の宝石をごっちゃにした名称でした。[1] 近代科学以前はみな「赤い宝石」「緑色の宝石」くらいの認識であったので、これはまぁ仕方ないで

しょう。この名残から、日本語でジルコンを「風信子石」と呼ぶこともあります。風信子は植物のヒアシンスのことで、難読漢字の問題に時々出てきますが、風信子石と書いてあった場合はジルコンを指します。

ジルコンは、ジルコニウムという重金属元素と珪酸イオンが結びついた単純な化学組成の鉱物で、もともと無色です。研究用に新しめの地質時代の岩石から分離する小さなジルコンたちは、期待通りの無色できらきらした結晶です。主成分のジルコニウムに鉱物を色づかせる働きはありませんが、一方でランタンから始まる希土類元素や、放射性のウラン、トリウムに置き換えられやすく、化学的に不純な天然で育つジルコンはこれらの混ざりものから逃れることはできません。希土類元素たちは無色の鉱物を色づける作用があります。

しかしもっと大事なのは、不純物の中でもウランやトリウムの作用です。この二つの元素は放射性で、放射線を放ちながら長い時間をかけて安定な鉛に変化していきます。そしてその過程で、ジルコンの結晶構造を傷つけ痛めてしまいます。これがジルコンの発色で非常に重要なのです。

自身の含む放射性元素の働きで結晶内部が少しずつ損傷していくと、ジルコンは硬度、密度(比重)、屈折率といった物理的な性質が劣化していきます。このためジルコンは、硬度や比重の高い「ハイ・タイプ」と、それらが低下した「ロー・タイプ」に分けて扱われるのが普通です。ハイ・タイプのジルコンはモース硬度が最大七・五と石英（つまり砂埃）より硬く、比重は四・六〜四・七と宝石鉱物の中でも重いほうであり、最大屈折率は一・九二〜一・九八とこちらも高い値です。宝石にふさわしい物性を備えているといえます。一方ロー・タイプではこれらの数値はみな目に見えて下がり、硬度六・五、比重四・一以下、屈折率一・七八〜一・八二くらいとなります。二つのタイプの中間も当然存在します。

宝石として使われるのは、ほとんどがハイ・タイプです。ハイ・タイプのジルコンは赤、赤褐色、オレンジ、褐色を帯びた黄色など、古来のヒアシンスらしい色の持ち主です。一方のロー・タイプは、緑色であれば御の字で、褐色や暗い赤紫色で透明度に恵まれず、宝石向きでないことも少なくありません。

では、宝石店の店頭で、置いてあれば確実に目を引く青色のジルコンはどうなのでしょうか？

天然で青色のジルコン、水色のジルコンは確かに産出しますが、良質のものは本当にまれです。ブルー・ジルコンのほとんどは、加熱処理の産物なのです(2)。東南アジアの国カンボジアは宝石質ジルコンの大産地ですが、十九世紀末に、ここで産する黄褐色から褐色のジルコンを空気中の酸素を断ち切って八〇〇度くらいで加熱したところ、素晴らしい青色から水色に姿を変えることが発見されたのです。さらに処理温度を一〇〇〇度くらいにすると、ジルコンは無色になる、つまり生まれたときにそうであったと思われる色に変わることもわかりました。どちらにせよ非常な高温下での処理なので、この変化は、ウランなど放射性の不純物で傷んだジルコンの結晶構造を回復させたことにあたると考えられます。

面白いことに、カンボジア産以外の同じような色合いのジルコン原石を同じように処理しても、青や水色にならないといわれるのです。不思議な地域特性というべきでしょう。しかし宝石質ジルコン全体にとって大事なことは、この発見以来、加熱処理がジルコンの宝石化の上でスタンダードになってしまったことです。他の、たとえば赤系の色のジルコンも、色の向上のために処理されるのは当たり前のことになっています。十一月の誕生石トパーズのところで記した「トリートメント」、つまり元の姿から著しく改変させるような処理を、ほとんどの石が経験している点で、ジルコンは特異な宝石といえます。『世界の天然無処理宝石図鑑』というきれいで楽しい本があるのですが、こういった実態を反映してか、この本にはジルコンの項目がありません。

ジルコンにとって、世間的評価の上でさらに不都合な真実は、無色のジルコンが長らくダイアモンドのそっくりさんとして扱われてきたことでしょう。これを偽物というのはあまりにかわいそうなので、ここはちょっと気取ってシミュレートと呼ぶことにしましょう。無色のジルコンは、かつてダイアモンドの高級なシミュレートでありました。ダイアモンドのシミュレートたる理由は、無色であることに加え、高い屈折率を反映して光沢がダイアモンドに似ていたことと、光の分散が〇・〇三九とダイアモンドに近く、虹色のファイアが認められたことです。

とはいえ、ジルコンの宝石鉱物としての性質は決してダイアモンドと同じではありません。最も大きな違いは、正方晶系のジルコンは光学的異方体で大きな複屈折を持つ、つまり最大と最小の二つの屈折率を持ち、かつ、その差が大きいということです。ハイ・タイプ・ジルコンの複屈折は〇・〇四二〜〇・〇六五と、八月の誕生石ペリドットをしのぎます。このためジルコンのカットストーンは、テーブル面から覗くと裏側のエッジが二重に見える「ダブリング現象」が非常に顕著です。立方晶系のダイアモンドは屈折率が一つだけですから、この現象は起きません。ダイアモンドの偽物の鑑別法などという手引きでは、この違いが強調されたものでした。

一九八〇年代に無色ジルコンは、ダイアモンド・シミュレートのトップの座をキュービック・ジルコニアに譲りました。キュービック・ジルコニアはダイアモンドと同じく立方晶系の、しかし合成物で、光学的性質は無色ジルコンよりずっとダイアモンドに近いのです。置き去りにされたジルコンにはダイアモンドのシミュレートだったという事実が烙印のように残り、以後、宝石としてあまり顧みられなくなったような気がします。

科学者の助っ人

しかしこれではジルコンが、あまりにかわいそうです！

ジルコンを想う気持ちは、この宝石鉱物が地球科学者にとって大の友達であることにもよっています。ジルコンはウランやトリウムといった放射性元素を、ほとんど必ず微量だけ含みますが、これら元素は時間とともにα線など放射線を出して、安定な鉛に変わっていきます。壊変といわれるこのプロセスを利用して、地球科学者はジルコンを使って地球物質つまり岩石の年代を測定するのです。地球は今から約四十六億年前に誕生したといわれますが、地球上の岩石で実際に測られた最も古い年代は今のところ約四十四億年前であり、この年代をたたき出した鉱物は問題の岩石の中のジルコンなのです。億年単位の年代を求めるには、ジルコンの中のウランやトリウムなどを特殊な方法で分析する必要がありますが、もっと手近な年代——といっても千年万年単位の話ですが——を求める別の方法もあります。それには放射性の不純物元素がジルコンの結晶に残した、専門の世界でフィッション・トラックと呼ばれる傷が使われます。ジルコンは、研究対象が地球スケールで古くとも新しくともそれぞれに年代測定法があるため、本当に多くの地球科学者がそのお世話になっているのです。

自然な形のジルコンは端正であり、私の好きな鉱物の一つです。ジルコンは「正方晶系」という結晶系に属しています。正方晶系の結晶とは、断面が正方形の柱状になるということで、ジルコンの場合はそんな柱の両端がピラミッド状に尖った自形結晶になるのが普通です。鉱物結晶が本来の自形を取りやすいかどうかは、鉱物ごとに傾向が違いますが、ジルコンは間違いなく自形になりやすい、己が形を表したい性格の鉱物です。標本としてよく見るジルコンは赤褐色系の色をしていることが多く、宝石としての古名ヒアシンスらしいと納得できます。

ジルコンは、もともと宝石にふさわしい性質を持ち、実際古くから宝石として親しまれた鉱物であったにもかかわらず、十九世紀末に処理法が開発されて以来、本来からかけ離れた姿で世を渡ってきたように思います。ダイアモンドのシミュレートとして広まった事実も、イメージとしてプラス側には働いていないようです。新しく誕生石に仲間入りしたことは、この宝石がもう一度イメージ・アップする絶好の機会でしょう。ただそのためには、ジルコンの宝石としてのメッセージを新たにする必要があるのではないかと、私は思います。処理品であることが明々白々である青い宝石として、クール・ビューティーを貫くのか。赤系あるいは数少ないピンク色を前面に出して、「ヒアシンス」のイメージを復活させるか。

宝石ジルコンの今後に期待したいです。

December
十二月
タンザナイト

ティファニー社のプロデュース

十二月のもう一つの新しい誕生石は、タンザナイトです。どこかの国の名前みたいと思ったあなたは、鋭い！　この宝石は東アフリカの国タンザニアで発見され、その国名をいただいているのです。

独立からあまり日の経たない一九六七年、タンザニアの誇り高いマサイの民が、隣国ケニアとの国境に近い高原で、青く輝く美しい石を発見しました。最初それはブルー・サファイアだと思われていたのですが、詳しい調査の結果、サファイアつまりコランダムではない別の鉱物とわかりました。サファイアではないにしても、誰が見ても宝石にふさわしい美しさを備えたその石が、放っておかれるはずはありません。その石は、アメリカのティファニー社の力で、一九六八年に宝石界にデビューしました。見つかった国の国名にちなむ「タンザナイト」という宝石名を与えたのは、当時の社長で、創業者チャールズ・ルイス・ティファニーの玄孫でもあったヘンリー・B・プラットでした。

ティファニー社は一八三七年にチャールズ・ルイスとその共業者によって創立されました。彼の技術上の右腕だったジョージ・フレデリック・クンツ博士がモルガナイトやクンツァイトを発見するなど宝石学に貢献し、ティファニー社は高級宝石店として確固たる地位を固めていきます。クンツ博士の薫陶のもと、庇護者であったティファニー社側にも、自ら宝石にふさわしい鉱物を見出すという気風がしっかり残ったようです。クンツァイトの発見から半世紀以上を隔ててのタンザナイトの発見と、宝石としてのプロデュースは、クンツ博士の残したDNAの発現にあたるのでしょう。

タンザナイトは、カルシウムとアルミニウムを主成分とし水（水酸イオン）を含む珪酸塩鉱物「ゾイサイト」の変わり種です。よくあるゾイサイトは、カルシウムに富む石灰質な変成岩の造岩鉱物で、茶色を帯びた灰色をした柱状の結晶になる地味な鉱物です。結晶系の違う兄弟「クリノゾイサイト」のほうがゾイサイトよりもよく出てきますが、どちらにせよ地味な鉱物であるのに変わりはありません。ゾイサイトは、マンガンを少量含んでピンク色になった変種

タンザナイトの結晶。長さ約2.5cm

「チューライト」が宝石利用されます。チューライトは細かな結晶が集合した不透明な塊として出てくることが多く、カボションや薄板に磨いて使われます。

しかし、タンザナイトは違ったのです。

タンザナイトは透明な、青紫の映える、ちょっと先のとがった四角柱状の結晶として産出します。ただのゾイサイトには見られないこの青系の色は、微量のバナジウムのなせる業《わざ》です。しかも、タンザナイトは多色性が著しく、つまり色合いが見る方向によって著しく異なり、ある方向では青紫あるいは紺青でも、それと直交する別の方向では赤紫だったり緑系あるいは褐色系の色だったりするのです。鉱物としての本来であるゾイサイトも、結晶の性質から多色性を持って構わないのですが、色がないといって差し支えない鉱物であるのでその効果を見ることはありません。タンザナイトの著しい多色性は、鉱物ゾイサイトの性質として全く意表を突くものでした。

それだけ多色性が顕著なことから、この宝石鉱物はカットの方向で色の楽しみ方が違ってきます。夏の花アサガオのような青紫色を楽しみたい場合と、赤紫系の色を生かしたい場合では、テーブル面を切り出す方向が全く異なります。カットストーンに厚みがあれば、テーブル面を囲むクラウンに違った色がほの見えるのが期待でき、それはそれで面白いでしょう。

ただ、天然自然のままのタンザナイトの結晶には、どうしてももとのゾイサイトっぽい茶色味が残っています。採れたままの結晶で問題なく宝石利用できるのは、一〇〇〇個に一つあるかないかといわれています。このため宝石利用されるタンザナイトは、茶色味を飛ばすための加熱処理が欠かせません。

もとはガーネット?

タンザナイトは、石墨《せきぼく》――ダイアモンドではない低圧で安定な炭素――を点々と含む片麻岩の中にある、石灰質の変成岩から採取されます。片麻岩とは、白黒の縞々がはっきりとしてい

「ブーディン」とは

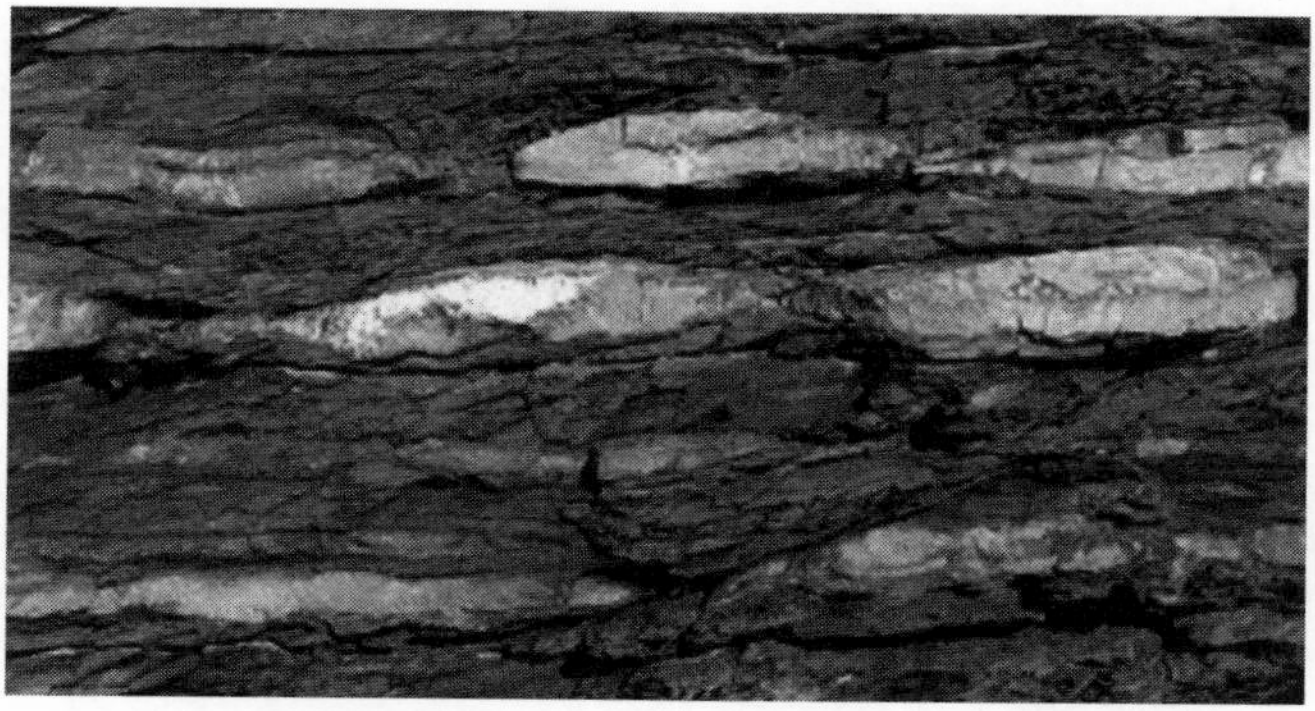

黒色頁岩の中の珪質砂岩薄層によるブーディン構造。硬くてもろい砂岩薄層は約５cm程度の長さにちぎれ、間を泥岩に埋められながら続く

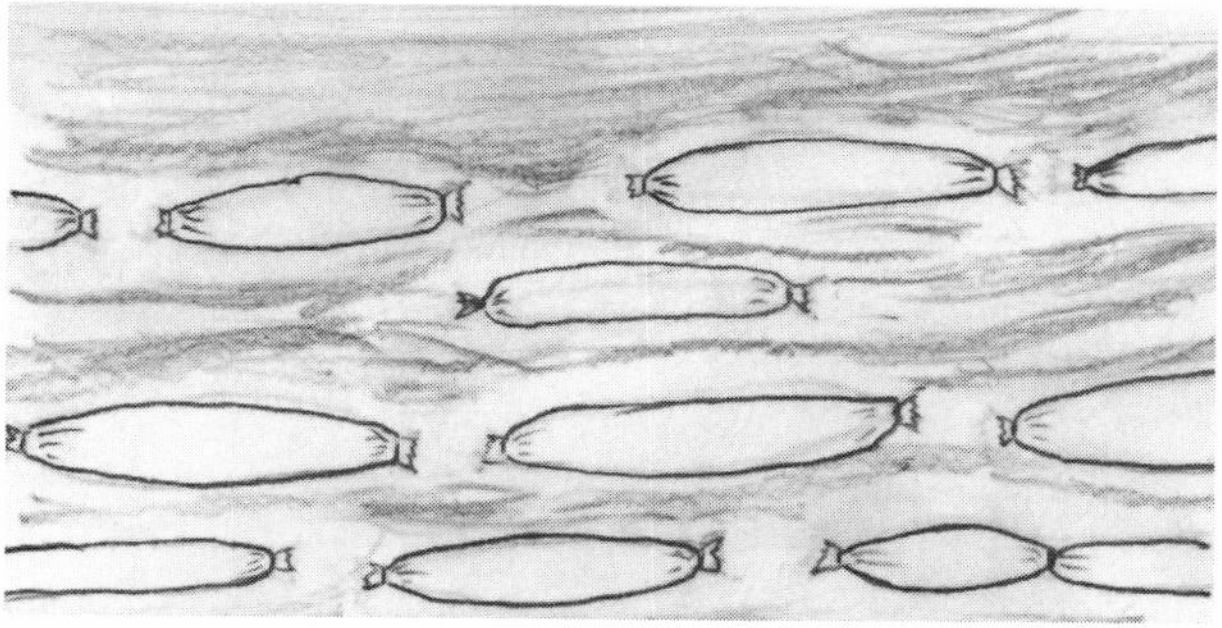

ちぎれた砂岩薄層をソーセージの列に見立てたのが「ブーディン」の名の由来。しゃれっ気のある学術用語の一つだろう

る高温でできた粗粒の変成岩です。現地の坑内写真を見ると、タンザナイトは片麻岩の縞々に平行に挟まれているやや伸びた岩塊から出ています(3)。これは、もともとは砂や泥がたまった地層の間に石灰質の地層が挟まれ、一緒くたに高い温度の変成作用を受けた変成岩だと考えられます。この石灰質の地層というのは、たとえば、熱帯や亜熱帯の地方の海岸でよく見る貝殻やサンゴのかけらがたくさん散らばる砂浜みたいな地層をイメージしていただければ、近いでしょう。砂や泥が固まった地層が片麻岩に変化するような変成作用では、地層は地球自身の力を受けて揉みしだかれますが、その時に石灰質の地層から変わる変成岩のほうが柔軟性に欠けるために、片麻岩の間にちぎれちぎれに岩塊が点在するような格好になることが多いのです。地質の専門家はこれを「ブーダン」あるいは「ブーディン」と呼びます。言葉の由来はフランス語のソーセージです。砂や泥の間の石灰質の地層なら、タンザナイトの原料であるアルミニウムもカルシウムもシリカも十分です。

しかしこのブーディンを持つ片麻岩には変なところがあります。普通の片麻岩は白黒縞々とはいえ、黒っぽいところには雲母など珪酸塩鉱物ができています。ところがタンザナイトの母岩では、黒っぽいのはほとんど石墨だけなのです。また白っぽい部分も、普通の片麻岩は長石や石英という白っぽいが透明感を感じる鉱物からできているのに対し、タンザナイトの母岩片麻岩の場合はなんか不透明なものに変化しているように見えます。おそらくもともとは、石灰質のブーディンを挟む普通の片麻岩であったのが、二次的に熱い地下流体の作用を受けて変質してしまったのではないかと思われます。そしてタンザナイトの生成には、この変質作用が関係していることでしょう。

こういった関係の証拠となりそうな鉱物標本があります。それにはもう一つの宝石鉱物、一月の誕生石ガーネットの仲間の「ツァボライト」が絡んできます。

ツァボライトは、何種類もあるガーネット・ファミリーの構成員でありながら、カルシウムとアルミニウムが主成分であり、赤いガーネットとはちょっと毛色の違う一員です。カルシウムとアルミニウムが主成分のガーネットは本来無色ですが、自然界では微量の不純物元素の働きで様々に着色して、他色の宝石鉱物として愛されています。[1] ツァボライトも実はタンザナイトの発見とほぼ同時に見つかり、ティファニー社のプロデュースで世に出た宝石なのですが、その魅力は鮮やかなグラス・グリーンの色合いにありました。青系のタンザナイトとは違う発色ですが、色の原因となる元素は共通で、バナジウムでした。

カルシウム・ガーネットとゾイサイトという二つの鉱物が並ぶとき、専門家は、一度高温の変成作用で形成されたガーネットがその後「熱水」と呼ばれる地下の熱い流体で変質されて、ゾイサイトに変化するという現象を思い浮かべます。この時にできるのはゾイサイトではなく、結晶構造だけが違うクリノゾイサイトであることが多いのですが、ガーネット変じて（クリノ）ゾイサイトという関係は自然の石灰質変成岩でよく見られるのです。

ツァボライト変じてタンザナイトと想像したくなる鉱物標本は、全体が丸っこい玉のような、もともとはガーネットの自形結晶のような形です。中心は予想通りガーネットの仲間である緑色のツァボライトながら、外側を薄紫のタンザナイトが取り巻いているという関係にあります。色を別にすれば専門家がよく見る、カルシウム・ガーネットの加水変質に間違いありません。

このような鉱物標本は、タンザナイトを青く染めたバナジウムが、元のガーネットつまりツァボライトに由来することを示しています。面白いことに、ツァボライトといってもよいようなバナジウムを含む緑色のカルシウム・ガーネットは、たとえば南極のように[4]、タンザニアの片麻岩の延長と考えられる変成岩が分布しているところにぽちぽち出ていますが、タンザナイトは見つかっていないのです。タンザナイトはまさにタンザニアの国石なのです。

タンザナイトが世に出ると、現地では利益を求めて乱掘が始まりました。生産をコントロールし採掘の安全を確保するために、採掘権は一度国有化されましたが、その後は民間資本の参入も許されて現在に至っています。こういった動きの中で科学的な資源探査も行われ、生産は安定化してきています。「タンザニアの夕暮れ」と評される美しい紺青を、いましばらくは楽しめそうです。新しく十二月の誕生石に選ばれて、今後は目にする機会も増えるのではないかと思われます。

気をつけていただきたいのは、タンザナイトはモース硬度が六・五〜七と、宝石としては軟らかめであることです。砂埃には耐え難いと考えるほうが安全です。硬さの上ではデリケートなタンザニアの国石を、もし手にする機会がありましたら、どうか優しく愛でてください。

December 十二月 トルコ石

以前からの十二月の誕生石であるトルコ石にも触れておきましょう。

言うまでもなくトルコ石は、青色の宝石の代表です。宝石としてほぼ五千年に上る歴史があり、最も古くから人とかかわった宝石といえましょう。不透明でカットストーン向きではなく、また石の中では比較的軟らかかったことがカボションや磨き板など古くからの加工法に適していて、このため文明初期から愛され続けてきたのでしょう。

トルコという国名が入る石ながら、産出国の国名をいただくタンザナイトと違って、トルコ石はトルコに産出しないことでも知られています。標本的にならともかく、商用に採掘されるようなトルコ石は、トルコに存在しないのです。

トルコ石は化学的には、銅とアルミニウムとリン酸と水（水酸化物イオンと水分子）とが結びついた鉱物です。多くの宝石鉱物が酸化物であったり、硬めの珪酸塩鉱物である中で、生物の素材でもあるリン酸が材料の鉱物であることも、また一つの特徴です。できる環境も温泉や地下水程度の温度の水の働きと、なにか身近っぽいです。誕生石のラインナップには生物が生み出す六月の誕生石「真珠」や、生物の骨格そのものである三月の誕生石「サンゴ」という、人間にとっての常温で生み出される宝石（鉱物ではないかもしれないが）があります。トルコ石は、こういったバイオな石（？）とガチな（？）鉱物の間の温度条件で生まれる鉱物といえるでしょう。

トルコ石のできる場は金属資源である銅の鉱床で、中でも「斑岩銅鉱床」と呼ばれる資源として重要なタイプの銅鉱床に関係することが多いです。斑岩銅鉱床は、シリカの量が多めな安山岩質から流紋岩質のマグマによる火山が、活動を終え、マグマ溜まりが冷え固まる過程で形成されます。冷えつつあるマグマ溜まりが周りの地下水を加熱して熱水を作り、それが冷えたばかりの火山岩を循環しながら岩石を変質させ、同時に火山の底の岩石全体に細かな銅の鉱物を沈殿させてできるのが、斑岩銅鉱床なのです。資源となる鉱物は黄銅鉱、斑銅鉱など銅と硫黄が結びついた鉱物で、硫黄たっぷりなあたりに火山性のルーツを見ることができます。

トルコ石ができるのは、乾燥地帯にある銅鉱床の地表にごく近い部分です。降る雨や、地表に近い浅い地下水は、銅鉱床にしみこみ地中を流れる中で、銅の資源鉱物から銅を、母岩火山岩の中の燐灰石《りんかいせき》（リンの酸化物であるリン酸とカルシウムが結びついた鉱物）からリン酸を、そして火山岩自身からアルミニウムを溶かし出します。こんな地下水が乾燥期に干上がると、溶けていた成分が溶けきれなくなって、トルコ石が沈殿します。乾燥気候のもとにあることも、トルコ石ができる重要な条件なのです。

トルコ石独特の魅力あふれる青色は、主成分の銅の働きによります。銅は、周期表の第四周期にある遷移元素の一つで、化合物を青や緑に色づけるように働きます。トルコ石はペリドットと同じく、自身の化学組成で発色する自色の宝石なのです。銅を置き換えて不純物として鉄が入ると、トルコ石は緑色を帯びます。トルコ石に近い化学組成で、銅ではなく鉄が主成分である鉱物に「バリシア石（あるいはバリッシャー石）」があり、これもトルコ石と同じような使われ方で親しまれています。ただトルコ石の青色は、自色であるにもかかわらず質の悪い品では褪せやすい傾向があります。トルコ石の宝石言葉の一つは「神聖な愛」で、愛する人の心変わりを色が変わることで教えてくれるという言い伝えもありますが、変わるのは人の心ではなく石の色だけの場合もありますので、うかつに大切な人を問い詰めたりしないでください。

トルコ石は青色の塊として産出します。宝飾品に加工されるときも、カボションに磨かれることになります。あの美しい青色が、もし透明なカットストーンになっていたら、どれほど素晴らしいかと思いませんか？　残念ながらそうならないのです。鉱物は構成する原子が三次元的に規則的に積み上がった結晶であると初めのほうで書きましたが、トルコ石が目に見えるような大きさの結晶になることはほとんどないのです。X線で調べると、確かに結晶であることはわかりますが。目に見える大きさのトルコ石の結晶に出くわしたら、たとえミリメーター・サイズでも、鉱物愛好家や宝石界がざわめきます。結晶であるが個々の結晶粒が目で識別できないほど細かい状態を、「微晶質《びしょうしつ》」と呼びます。普段目にするトルコ石は微晶質な塊であり、そういう形態であるのが普通な鉱物の代表といえます。

微晶質な塊として産出するトルコ石の最も良質なものは、青色が冴え、石に空隙も割れ目もない緻密な塊です。こういったトルコ石の原石は高く評価されます。雲一つない空のような曇りのないトルコ石は、歴史時代は高級な宝石でしたし、それは今でも変わりません。

しかし残念なことに、色むらがあったり、細かな空隙だらけでスカスカなトルコ石原石もよくあるのです。そんなトルコ石には改質が施されます。プラスチックや水ガラスの一種をしみこませて空隙を埋め、同時に強度を高めるのです。トルコ石は砂埃つまり細かな石英の粒よりは相当に軟らかく、またもろい性質があるので、こういった処理はユーザーが扱いやすくする

トルコ石の主な産地

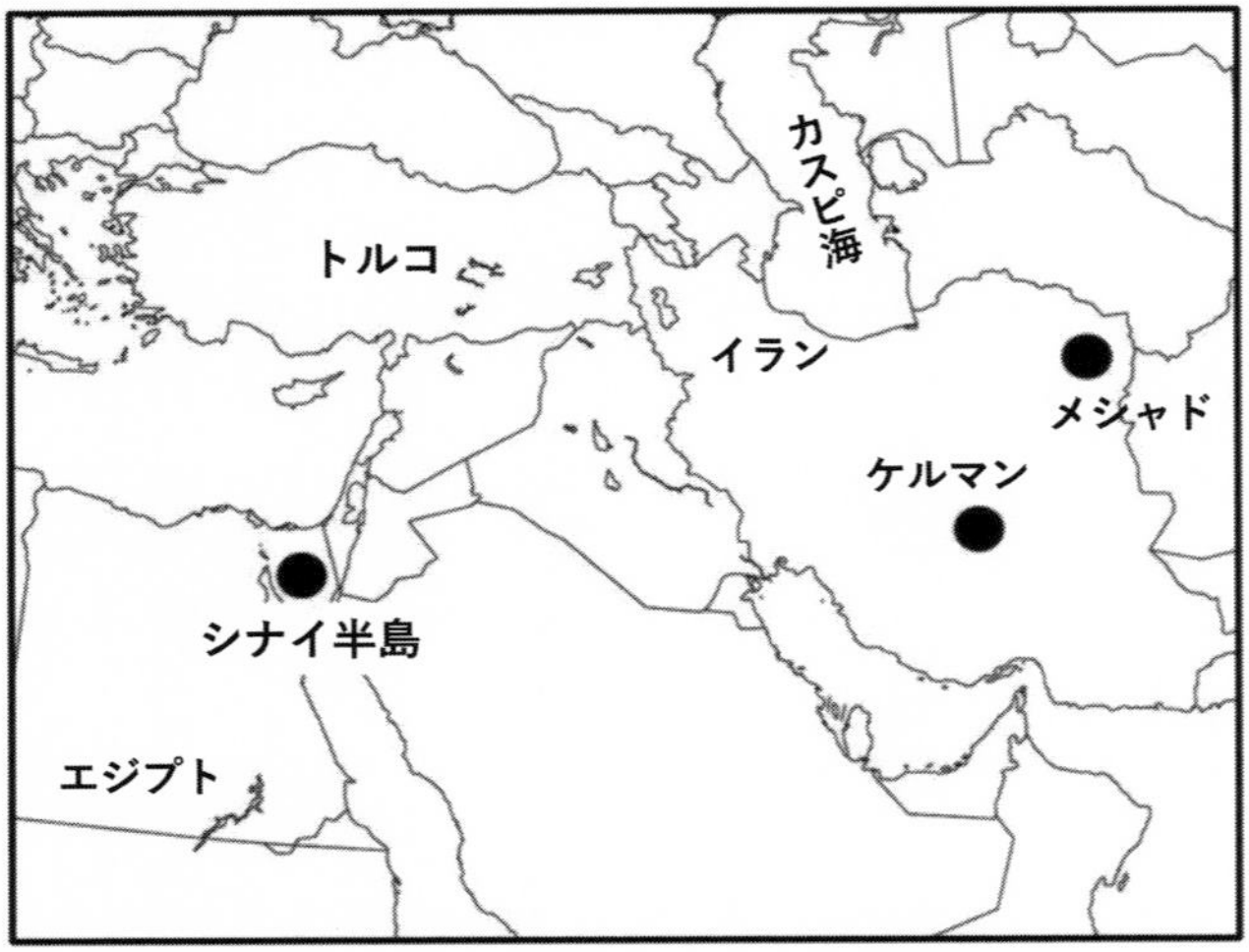

中東のトルコ石産地

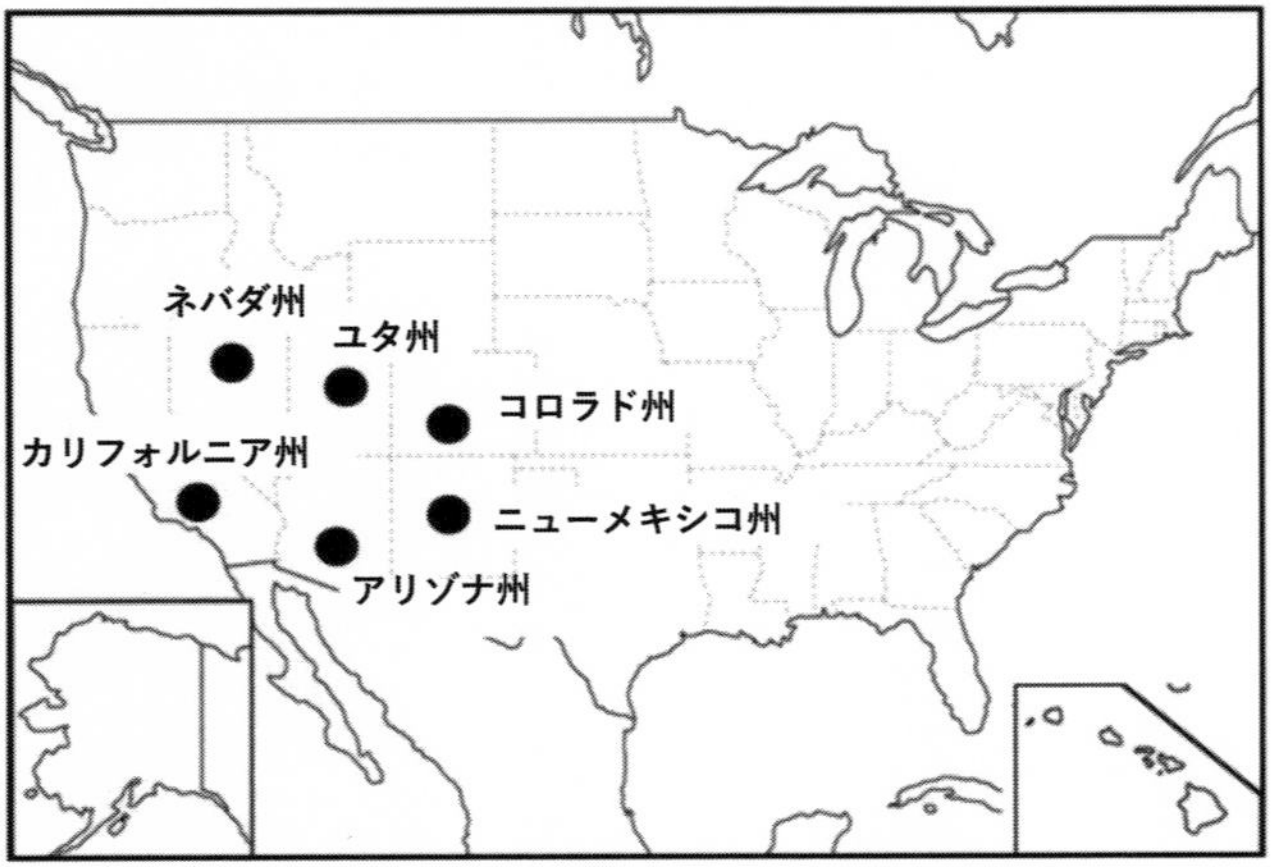

アメリカのトルコ石産地

メリットもあるでしょう。しみこませるプラスチックに色をつければ見かけも向上します。しかし、やりすぎは禁物です。ついには、加工の時にどうしても出てくる「粉」を樹脂で固めて成型する「トルコ石」まで出てきています。こんな、石だかプラスチックだかわからないような「トルコ石」は、タバコの火を押し付けると焦げたりします。本物ならあり得ないことです。

トルコでは産出しないトルコ石の真の産地は、イラン（ペルシャ）やシナイ半島でした(5)。そこからヨーロッパ方面に流通させるなら、トルコを経由するのはよくわかります。シナイ半島のトルコ石は枯渇してしまいましたが、イランは現在でもトルコ石の大産地です。歴史的には北部、トルクメニスタンとの国境に近いメシャド地域が、まるでこの地の空の色を凝縮したようなスカイ・ブルーの、良質なトルコ石の産地でした。ここも資源枯渇の波に洗われていますが、一方で、イラン高原というよりはザクロス山脈の麓といったほうがよさそうな中央部、ケルマン地域にも、近年、良質のトルコ石が発見されています。イランは今後もトルコ石大国であり続けるのでしょう。

イランと並ぶもう一つの大産地は、アメリカ合衆国です。カリフォルニア、ネバダ、コロラド、アリゾナ、ニューメキシコと並べると、サボテンの林立する乾いた荒野が瞼《まぶた》に浮かびます。実はこれら地域はかつての鉱山町、今ではゴースト・タウンが点在する場所でもあります。そ

スパイダーウェブ組織を示すトルコ石の原石。アメリカ、ユタ州産。径約3cm

してかつて鉱山を成り立たせた鉱床の中に、トルコ石を産出するものがあるのです。これら産地のトルコ石には、アリゾナ州スリーピング・ビューティー産のようにイラン産に匹敵するスカイ・ブルーなものもありますが、鉄分が加わり優しく緑色を帯びたものも少なくありません。また、褐鉄鉱などもとの金属資源鉱物の名残の不純物が、筋状やら網目状に残っていることも珍しくありません。ただこのような組織は、「スパイダー・ウェブ（蜘蛛の巣）」と呼ばれ、独特の風合いが好まれてもいます。

トルコ石の産地は、かつては西部開拓の地域でもありました。アメリカ産トルコ石は、そこに居住していたネイティブ・アメリカンのものであったのです。彼らはトルコ石を神聖な石として、儀式用のモザイク装飾に用いていました。トルコ石を使う装飾

――宗教的意味合いのものも含む――は、現在のアメリカ合衆国域だけではなく、中米にも広がっていました。マヤ文明の遺跡から発掘された、トルコ石のモザイクを施した仮面が有名です。

ネイティブ・アメリカンのものであったトルコ石は、西部開拓が進み白人支配のエリアが拡がるにつれ、開拓者たちの文化とミックスして独特の西部風装飾品に多用されるようになりました。いかにも荒くれガンマン御用達らしい大型の銀製バックルやナイフの柄などになくてはならないのが、磨き上げられたトルコ石です。いまや宝飾店ではなく、こういった筋のアクセサリーを扱うショップで、トルコ石製品をいろいろと見ることができます。

ただ、こういったトルコ石は、ネイティブ・アメリカンの文化に根差したものであることを忘れてはいけないと思います。実際にトルコ石産地はネイティブ・アメリカンの居留地にあるものも多く、彼らの生計を支える資源になっているわけです。アメリカ産のトルコ石を愛するのであれば、ネイティブ・アメリカンの文化と歴史にも思いをはせてみてはいかがでしょうか。

December

十二月 ラピスラズリ

従来の十二月のもう一つの誕生石は、ラピスラズリです。宝石名の前半「ラピス」はラテン語の「石」、後半の「ラズリ」はペルシャ語の「青」という意味を持ちます。訳せば（ラテンとペルシャの混合だが……）青い石で、実際、この石はトルコ石と並ぶ古くからの青い宝石の代表です。サファイアの語源といわれる古代ギリシア語の「サプフィール」は、ブルー・サファイアではなくラピスラズリを指していたと考えられています。

このように宝石として古い歴史を誇るラピスラズリですので、宝石言葉も多様です。「真実（本質を見極める力となる）」「幸運」「克己（トラブルに打ち勝つ力）」「心身の浄化」「知性」「聖業」「健康」そして「愛する人との永遠の誓い」などなど。なんだか、ラピスラズリさえ身に着けていれば世の中に怖いものなしという気になりそうです。

茶化すのはやめましょう。ラピスラズリこそは古代から、青い石の中の青い石として神聖視された宝石に違いありません。ブルー・サファイアのような現代的な青い宝石と違い、ラピスラズリは不透明でモース硬度が五〜五・五とそれほど高くなく、カボションや磨き板や彫り物に向いています。これが美しさと相まって、古代から広く使われる理由でしょう。

美術の世界では、ラピスラズリはまた違った意味で重んじられています。絵具として、です。顔料の「ウルトラマリン」——これは高純度のラピスラズリの粉末そのものです。(6) ヨーロッパの絵画では、フレスコ画の時代から色あせない青として珍重されていました。赤や緑が身近な原料で調整できたのに対して、青はそういうわけにはいきませんでした。藍銅鉱という銅の鉱物の粉である青い顔料、すなわち日本画の岩群青にあたる青い顔料は「マウンテン・ブルー」として知られていましたが、これは耐久性がやや劣り、歳月とともにくすんでいくことも知られていたのです。(6) これに対してウルトラマリンは、決して色あせない優れた性質を持っていました。しかしこの顔料はヨーロッパに産しない到来物で、海——マリン——を渡ってくるものという意味の名前が付いたのです。当然、飛び切り高価な物でした。

この二つの青の違いは、マウンテン・ブルーがあまり安定ではない銅の炭酸塩鉱物であるのに対し、ラピスラズリは安定的な珪酸塩鉱物であることによります。マウンテン・ブルー——

藍銅鉱――は空気中の水蒸気と二酸化炭素と反応して、より安定な孔雀石（というより緑青《ろくしょう》）に変化してしまう性質があります。このような変化はラピスラズリでは起きないのが、褪色しない理由です。

ラピスラズリの鉱物としての正体は、準長石と呼ばれる一群の鉱物のうちの青色のものの集合体です。「準」のつかない長石は、石材で広く使われる花崗岩をはじめ地球の表層あたりの岩石にはほとんど必ずあるといってよい重要な造岩鉱物で、白っぽい優しい色をしています。長石は、酸素と珪素からなるシリカの四面体が互いに立体的に結びついた構造をなし、この点が石英と似ています。長石ではシリカ四面体の一部が中心にアルミニウムが収まる四面体に変わっていて、これで発生するプラス電荷の不足を四面体のつながりが作る「かご」の中にナトリウム、カリウムなどの金属が入って補い、鉱物として成り立っています。準長石は、長石よりもシリカが少なく代わってアルミニウムの多い化学組成で、マイナス電荷のバランスをとるナトリウムなどの量もバランス上増えてきます。

準長石の化学的な特徴は、シリカの立体構造が作る「かご」の中に、塩素、炭酸イオン、硫酸イオンそして硫黄など、火山ガスによくある成分が入ることです。そしてこれらの成分に起因して、準長石は長石と違うはっきりした色を持つことがあります。特に硫黄や硫酸イオンの

ラピスラズリ（青金石）の自然の結晶。画像横幅＝約４cm

効果は強烈で、これらを成分として含む準長石はしばしば強い青色に着色します。個別には青金石、方ソーダ石、ノゼアン、アウインという青く着色する立方晶系の準長石たちが集合体をなしたのがラピスラズリであり、中でも硫黄を含む青金石がラピスラズリの青色に大きく寄与していると考えられています。

青金石は、紺青色の塊で産出することが多いのですが、まれには白い方解石の中に、さいころのような立方体や、一二個の菱形の面からなる菱形一二面体の自形結晶で出てくることもあります。現在、青金石に相当する化学組成の物質は化学合成され、顔料のウルトラマリンとして広く出回っています。合成にあたっても硫黄は欠くことのできない成分です。

青いラピスラズリにつきもの、というのか美的に欠かせないものは、金色の黄鉄鉱の小粒です。黄鉄鉱とは、鉄一個と硫黄二個の割合で結びついてできる鉱物で、金色の立方体が最もよく見る結晶形です。これが真っ青なラピスラズリの中に点々と散らばる様子は、夜空にまたたく金の星のようであり、ラピスラズリの深い美しさを一層際立たせるアクセントになっています。鉄よりも硫黄のほうが多い黄鉄鉱を伴うあたりにも、ラピスラズリと硫黄が切っても切れない関係にあることがうかがえます。

黄鉄鉱の金色の星がまたたく、真っ青で均質なラピスラズリは、アフガニスタン北部、バダクシャン地方の特産品です。ヒンドゥークシュ山脈からパミール高原にかけての山岳地帯に産する熱で変成された石灰岩が、ラピスラズリの故郷です。ここは本当に長い間、ラピスラズリの世界唯一の産地でしたが、のちにロシアのバイカル湖畔からも商業的に採掘できる規模のラピスラズリが見つかりました。こちらの産地のラピスラズリはアフガニスタンのものより不均質で、同じく準長石の仲間である灰色のかすみ石が混ざりこむ傾向があります。

ラピスラズリは、シュメール人の都ウルをはじめとする、西アジアからヨーロッパにかけての古代文明の地から発掘されています。東方にはシルクロードを経て運ばれ、中国に到達しました。日本への到来はそれより後になりますが、正倉院御物に水晶・めのう・孔雀石・玻璃

（ガラス）などとともに素材として使われています。ラピスラズリの磨き板を飾りに使った「紺玉帯」が有名です。

パミール高原の青空を映したかのようなラピスラズリの産地は、アフガニスタンの政情の不安定化とともにアクセスが難しくなりました。ラピスラズリがふたたび晴れ晴れした表情で私たちの身近に来てくれることを、願わずにいられません。

January
一月　ガーネット

新しい年が明けました。この月には、新しい誕生石が選ばれていません。相変わらず「ガーネット」だけです。四月のダイアモンドでさえモルガナイトという新しい宝石に並ばれているので、ガーネットの孤立は際立つかのようです。十一月のトパーズも他に並ぶ石はないのですが、しばしば黄色に色づいた水晶であるシトリンを代用品にするので、状況はちょっと違うかなと思います。

ガーネットという宝石を、どうイメージなさいますか？　深紅といいたい深い赤から、ちょっと朱色のトーンを感じる火の色のような赤色の宝石というのが、広く行き渡るガーネットのイメージではないでしょうか。実際、宝石店の店頭で最もよく見る「ガーネット」は、こんな赤い宝石です。この赤いガーネットは「パイロープ」という、マグネシウムとアルミニウ

ばらけたざくろの実のような赤いガーネットの分離結晶。茨城県山ノ尾産、画像横幅＝約６cm

ムとシリカが主成分のガーネットで、つまりは珪酸塩鉱物の一種です。純粋なパイロープは実は無色なのですが、これに鉄とアルミニウムの珪酸塩ガーネットの成分が溶け込み、さらに少量のクロムが加わって、赤く色づいているのです。八月の誕生石ペリドットで述べた、まるで固体同士が溶け合ったかのように中間の化学組成のものを作る「固溶体関係」で、赤いパイロープは成り立っています。赤いパイロープを色づける鉄とアルミニウムの珪酸塩ガーネットには、「アルマンディン」という名前があります。

でも、実はガーネットはそれだけではないのです。鉱物の世界ではガーネットは、二〇種以上もの化学組成の違う独立した鉱物たちを包括する、一大ファミリーを指します。宝石になりそうなものだけでも、パイロープとアルマンディンに加えて、マンガンとアルミニウムが主成分の「スペッサルティン」、同じくカルシウムとアルミニウムの「グロッシュラー」、カルシウムとプラス三価の鉄が主成分の「アンドラダイト」などなどと、並ぶのです。

こうしたガーネットたちの表情は実に多彩です。定番の赤いガーネットであるパイロープおよびアルマンディンの仲間というべき、スペッサルティンは、鮮やかなオレンジ色が特徴で、「マンダリン・ガーネット」という特別の宝石名を持ちます。グロッシュラーは典型元素が主成分なので純粋なものは無色ですが、鉄を含んで朱色になった「ヘッソナイト」や、少量のクロムで緑色に色づいた「グーズベリー・ストーン」のほか、茶色や果てはピンク色など、微量成分の効果で様々に色づきます。十二月の誕生石タンザナイトのところで触れた緑色のガーネット「ツァボライト」も、鉱物としてはバナジウムを含むグロッシュラーにあたります。アルミニウムに乏しいガーネットであるアンドラダイトは、光学的分散が大きく、素晴らしいファイアが特徴です。中でも少量のクロムによって地色が濃緑色になった「デマントイド」は、ガーネット離れした高価な宝石として知られています。チタンに富むアンドラダイトの仲間は、真っ黒で荘重で、「メラナイト」という名前で喪のジュエリーに使われることがあります。

宝石ガーネットをさらに多様にしているのは、これら決まった化学組成のガーネット同士の

宝石ガーネットのいろいろ

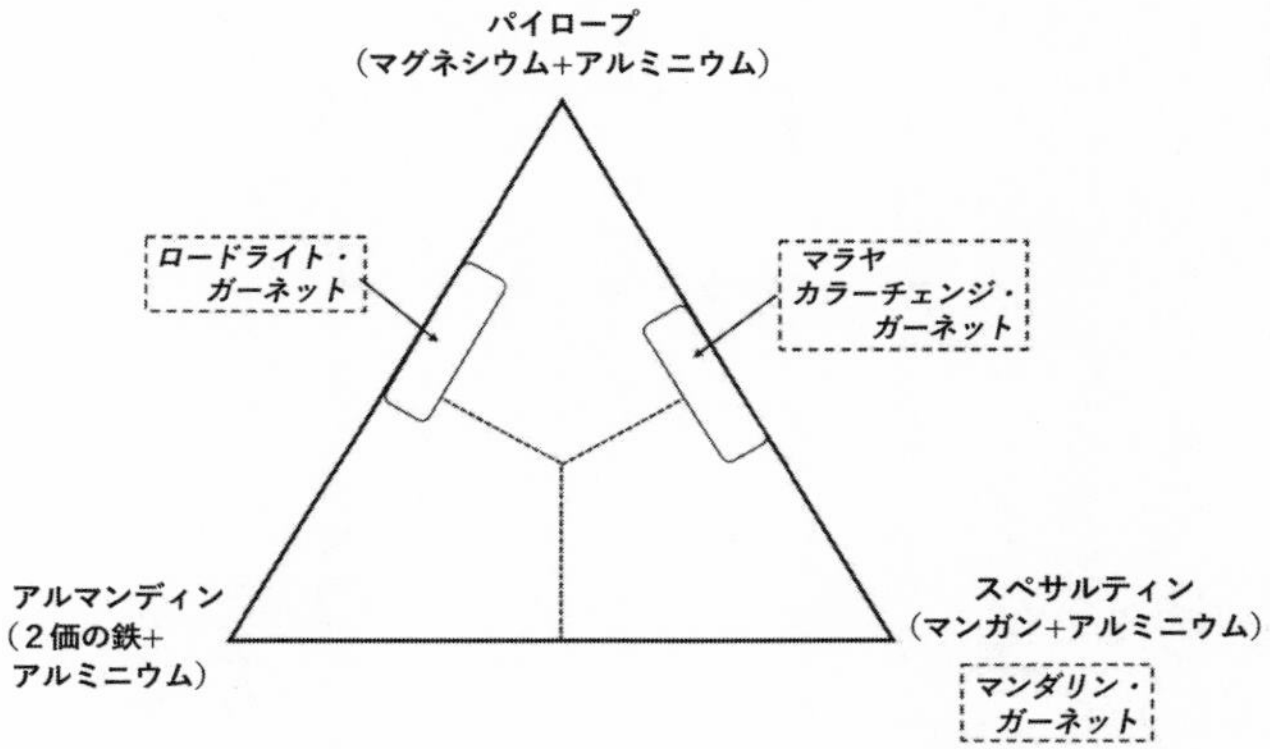

カルシウムに乏しいガーネット（主に赤系の色の宝石になる）

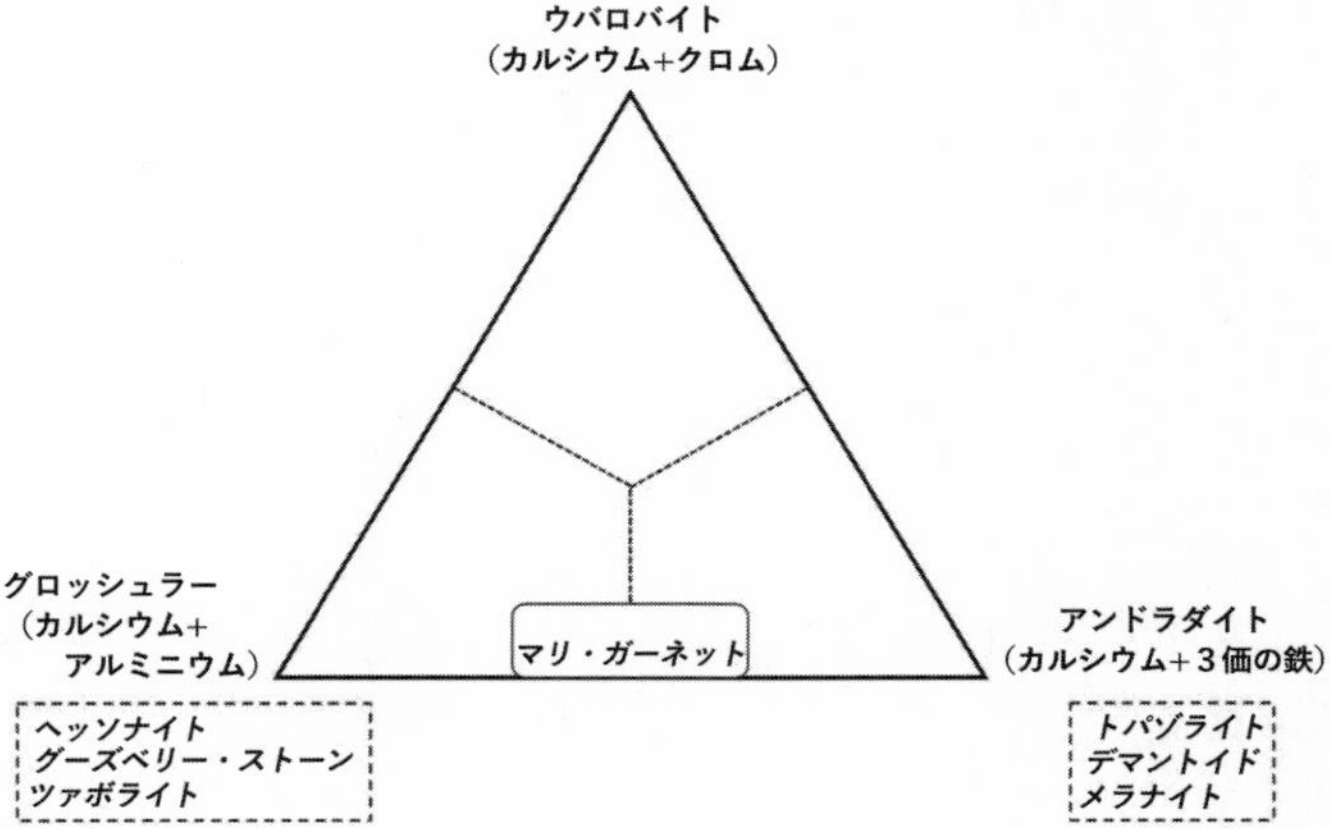

カルシウムが主成分のガーネット（緑から褐色の宝石になる）

斜体は宝石名をあらわす

混合、つまり固溶体の形成が非常に広い範囲に及ぶことです。固溶体を作る傾向として、カルシウムに乏しいガーネット同士と、カルシウムが主成分のガーネット同士は、ともにほとんど完全に溶け合って中間組成の固溶体を作り、非常に寛容な関係です。その一方で、二つのグループ同士のミックスには限度があるようです。

そうであっても、ミックスの結果である中間組成のガーネットは多種多様で、個性豊かな宝石になっています。パイロープとアルマンディンのほぼ中間の組成のガーネットは、「ロードライト・ガーネット」として知られ、バラ色からやや紫色に寄った色彩で赤いパイロープと一線を画しています。パイロープとスペッサルティンの中間組成には、特徴的なピンキッシュ・オレンジの「マラヤ」というガーネットがあります。同じくパイロープとスペッサルティンの中間組成の中には、自然光と人工光で色の変わる「カラーチェンジ・ガーネット」もあります。色の変化が青紫から赤紫であったり、オレンジからブラウンであったりと、石によって結構異なるのも、魅力的で不思議な点です。産地の名をとって「マリ・ガーネット」と呼ばれる宝石は、グロッシュラーとアンドラダイトのちょうど中間くらいの組成で、アンドラダイト譲りの強い光沢と、茶色から黄色、黄緑色にわたるガーネット離れした色彩が特徴です。

これだけ本当に色々なガーネットの色彩をテーマに、かつて私は『青いガーネットの秘密』

という本を書いたことがあります。[7] 着想は、コナン・ドイル作『シャーロック・ホームズの冒険』の中の一話、クリスマスのガチョウの餌袋から出てきた光り輝く青い宝石をめぐるミステリーです。[8] この話のタイトルは、邦訳で、「青いガーネット」あるいは「青い紅玉」とされ、どちらにしても鉱物学あるいは宝石学の立場からは珍妙で無理があります。で、答えがどうなのかは私の本を見ていただくとして、結論は、宝石ガーネットは青以外のすべての色がそろっているという当時の理解に背かないものでした。

ところが、この常識が過去のものになりかねない発見が、二〇一七年にありました。[9] タンザニアとケニアの国境に近い地域から、青いガーネットが見つかったのです。アメリカ宝石協会のレポートで「ブルー・グリーン」とされるガーネットは、画像では青といって差し支えない色合いのものでした。このガーネットは、パイロープとスペッサルティンの中間組成で、マラヤと違ってバナジウムに富んでいます。どうもバナジウムが、青系の色づけの妙薬として働いているようです。

こうして青いガーネットが見つかって、宝石ガーネットに青はないという常識は一応過去のものになりました。ただ、私は前に書いた本の結論を見直すつもりはありません。というのも、シャーロック・ホームズの「青いガーネット」は「暗い手のくぼみの中で電光のようにきらめく」（小林司・東山あかね訳(8)）と描写されるもので、もし他の宝石にたとえればパライバ・トルマリンのネオン・ブルーこそが期待の色合いと思います。一方、新たに見つかった青いガーネットのブルーは、アメリカ宝石協会のレポートを見ても自分のコレクションを透かして見ても、同様に他の宝石にたとえればトルマリンの一種インディコライトに似たトーンであって、電光のような煌めきというよりも、暗めで落ち着いた青という表現がふさわしく思われるからです。よって、ホームズが目にしたような明るく煌めく青いガーネットはまだ存在しないというのが現在の私の結論です。

こうして見てくると、あることに気づきます。

他の宝石では、科学的には一種類の鉱物に、色の違う変種であるとか特別の光学的効果があるなど際立った点を見つけて、何種類もの宝石を生み出しています。コランダムがルビー、ブルー・サファイア、パパラチャとなるように、またベリルがエメラルド、アクアマリン、モルガナイトなどなどとなるように。ガーネットは逆の関係ですね、鉱物としても宝石としても何種類もの実態があるものを、包括的なファミリー名のほうが宝石名として世間に通っているわけですから。その理由がなぜなのかはよくわかりません。あまりにバリエーション豊かな宝石であり、中間組成も多種多様であることで、宝石自身が包括的な名称を必要としているのかもしれません。つまりガーネットは、宝石として決して一人ではないのです。

赤いパイロープは十九世紀後半にボヘミア地方からヨーロッパに大量に供給され、一大ブームを起こしました。産地はその後世界に拡がっていきましたが、同時にブームの反動かやや飽きられたようでもあります。パイロープに慣れすぎたことが、他のガーネットを模索する原動力になったのかもしれません。

しかし私は、一月の誕生石にはやはりパイロープのような赤いガーネットこそふさわしいと思います。冬至は過ぎたとはいえ、季節はまだ凍てつく冬。こんな季節の中に置かれた深紅のガーネットは、暮れかかる雪原の一軒家にポッと灯る明かりのように、人の心を温めてくれるように思えるのです。

February

二月

キャッツアイ　そのお仲間と共に

ニャンニャンニャン

二月が来ました。二月は猫の月です。二月二十二日がニャンニャンニャンで猫の日なものだから、二月に入るとテレビ番組にネット記事に、「猫事」がどっと増えます。で、二月の誕生石として新たにご指名を受けたのも、「キャッツアイ」です。

キャッツアイ――もうあれこれ書かなくても良いでしょう。カボションに磨いた石の表面に浮き上がるように白い光の筋が現れる、そんな石です。まるでお昼時の猫の目のように見えることから、キャッツアイと呼ばれています。お昼時って、リアル猫は目をつぶって眠っていることが多いのですが、でも明るい時間帯の猫の目ではあります。

キャッツアイの白い光の筋は、石を傾けても傾けた方向つまり見る人の方向に寄ってはくれ

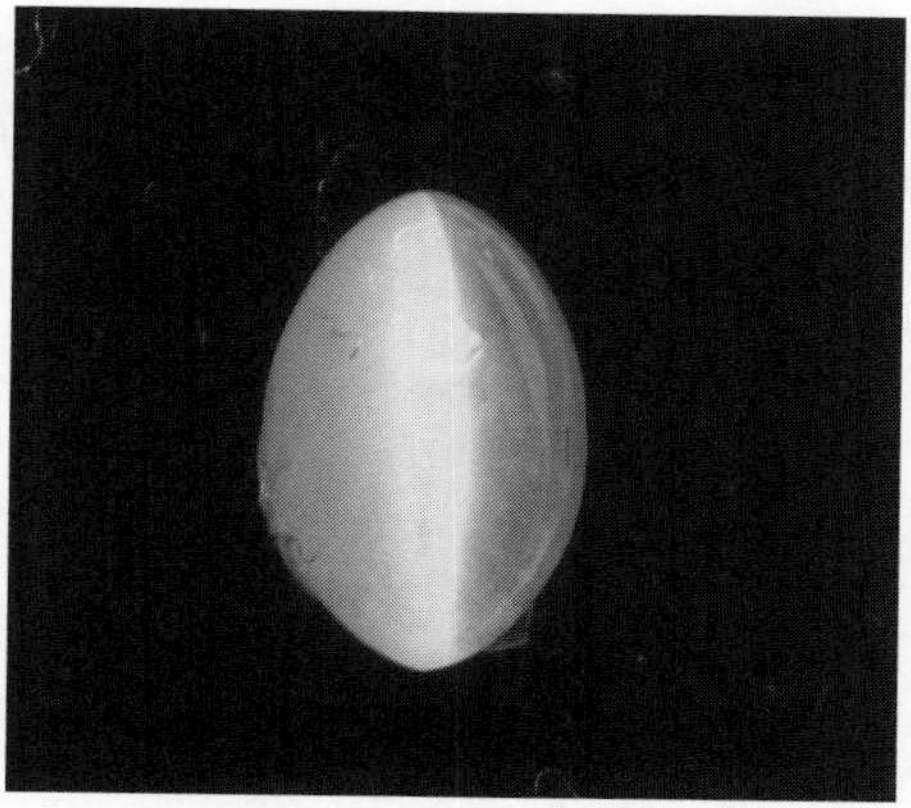

クリソベリル・キャッツアイ。スリランカ産、0.4カラット

ません。呼んでも知らん顔する猫のようです。

宝石キャッツアイの地色はレモン色、黄褐色、やや褐色を帯びた黄緑色、緑褐色などが多いです。ライブな猫さんの目の色でいえば、カッパーとかヘーゼルあたりでしょうか。石の中を覗くとなんかぼんやり濁っているようでもあり、光の筋を除けばあまり魅力的には思えません。でもこのぼんやり感、どこかで見たような気がしませんか？

そう、スター・サファイアです。スター・サファイアの内部には、シルク・インクルージョンと呼ばれるぼやっとした靄《もや》があります。その正体は、サファイアの結晶構造に従って互いに一二〇度で交差する極細のルチルの針でした。キャッツアイの「ぼんやり」も、似たような結晶内部の特別な構造によります。こちらでは、何か別の鉱物というよりは、結晶の伸びの方向に沿った空隙であることが多いとされています。キャッツアイ以外でも、鉱物の成長速度が極めて速い場合にこういった構造ができることは時々あります。鉱物が成長するときには、この空隙には結晶を育てた流体が入り込んでいたと考えられます。

キャッツアイ独特の光の筋の根本原因は、結晶内部のこういった筋のような特殊な構造なのですが、カボション磨きということも内部構造に負けずに重要な要素です。キャッツアイに入った光の一部は筋のような内部構造に反射されますが、カボション磨きの曲面が一種集光レンズのように働いて、カボションの頂部に反射光を集めます。集まった光は、内部構造の方向性に直角な筋をなし、猫の目になる、というわけです。石を傾けても光の筋が自分の側に寄ってこないのは、筋のでき方が石の磨き具合にも依存しているためです。もし問題の石がテーブル面を持つファセット・カットされていたら、キャッツアイ効果は発揮されないでしょう。

キャッツアイというのは、つまりはこういった特別の光学的効果のことを指すのです。専門用語では「シャトヤンシー　CHATOYANCY」と呼びます。前半の「CHAT」はもちろん、フランス語の猫ですね。

ですからキャッツアイは、厳密にはそれだけで特定の宝石鉱物を指すわけではありません。しかし普通に単にキャッツアイと呼ぶのであれば、地の石がクリソベリルである「クリソベリ

キャッツアイ効果はこうして起きる

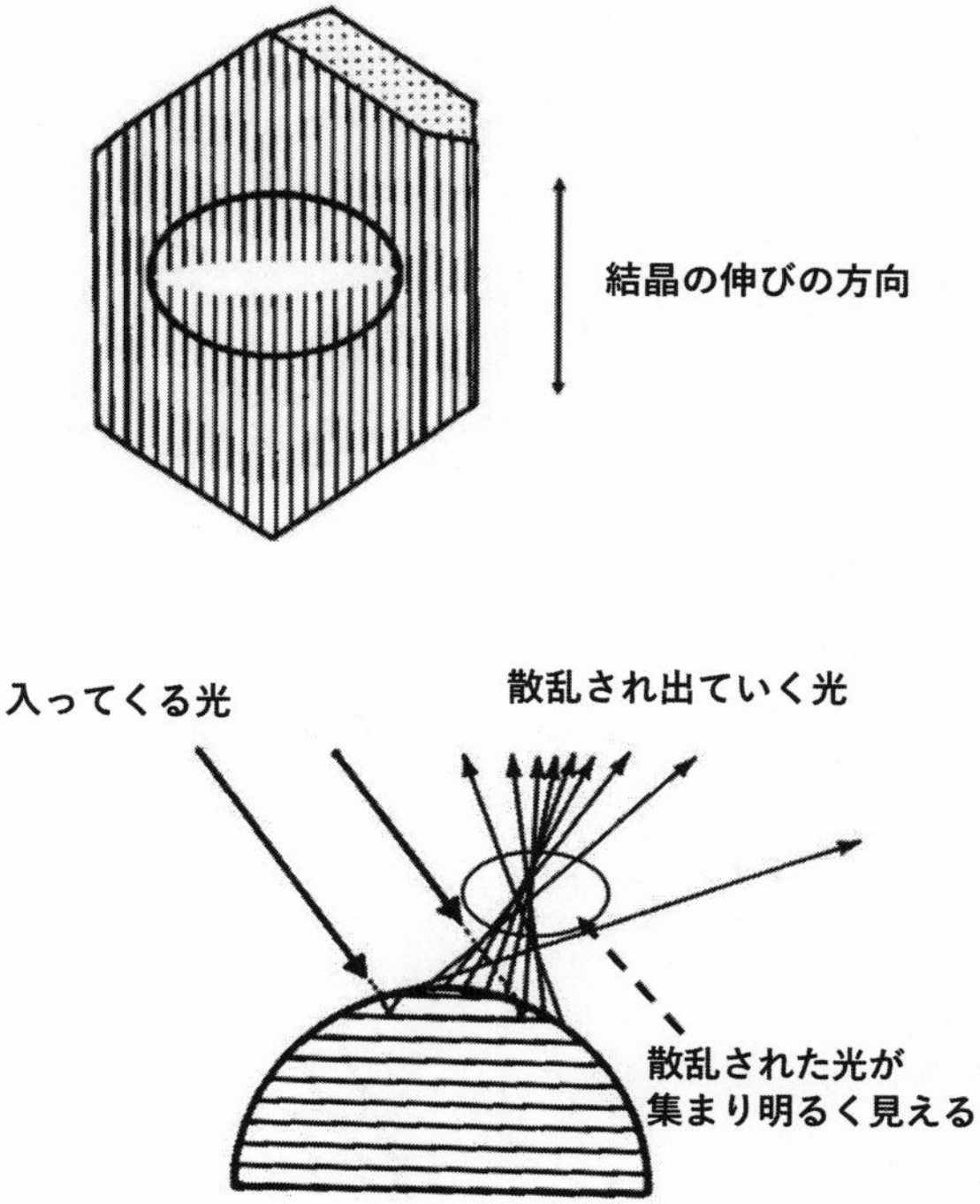

結晶の伸びの方向に沿って細長い含有物がある石を丸く磨くと、猫の目のように光る筋が見える。『宝石のはなし』（白水晴雄・青木義和）中の挿図を一部改変

ル・キャッツアイ」を指します。クリソベリルに覚えがありませんか？　そう、六月の誕生石「アレキサンドライト」がそうでした。黄色から緑色系の地色は、クリソベリル本来の色です。クリソベリルは屈折率が高い鉱物で、このために光沢もカットしたときの反射も素晴らしく、また鉱物としての和名も金緑石と豪華なのですが、地色がどうしても地味系で、大変珍しい石でありながら宝石として決して人目を引く存在ではありません。微量のクロムによる色変わりを見せるアレキサンドライト同様に、キャッツアイであれば、宝石としての評価は価格とともに大幅アップです。つまりは宝石界でのクリソベリルという鉱物は、どちらかといえば特殊な光学的効果で高い地位を確保していることになります。

クリソベリル、そしてキャッツアイの産地は世界中で何ヶ所かありますが、上質なクリソベリル・キャッツアイの産地はスリランカでほぼ決まりです。この国のクリソベリル・キャッツアイは、質が平均的に高いのです。一九八五年に筑波研究学園都市で開催された科学万博で、小国スリランカの展示館は、自国産の巨大宝石の展示で地道に人気を集めていました。二つの手のひらで収まり切れないほど大きいクリソベリル・キャッツアイが展示されていたことを、覚えています。

そんな魅力的で高価な宝石ならば、偽物、いえシミュレートがあろうことは容易に想像されます。キャッツアイというのは石による光学的効果であり、同じような現象はほかの鉱物にも認められるからです。地色まで含めたシミュレートとして挙げなければならないのは、アパタイト・キャッツアイです。アパタイトつまり燐灰石は、歯磨き粉にも入っているように、フッ素や水素（水酸化物イオン）を含んだリン酸カルシウムで、人の歯の素材でもあります。この鉱物の地色は、しばしば黄色から黄褐色系になります。そういうものの中でキャッツアイ効果を発揮する石が、クリソベリル・キャッツアイのシミュレートに用いられることがあります。アパタイト・キャッツアイは地色が冴えないことが多いだけではなく、硬度がクリソベリルより相当に低くて（モース硬度五）砂埃に耐えません。インド方面で激安で買ったというキャッツアイをプレゼントされたときには、舞い上がる前にちょっと注意してください。仮にアパタイトであったとしても、がっかりしないで。アパタイト・キャッツアイだってどこにでもあるものではないんですから。

世の中にありふれているような石英、気取ってクォーツの中にも、キャッツアイ効果を示すものがあります。こちらはクリソベリル・キャッツアイのような地色は望めませんが、セイロン館の展示品のような大きなものを望むことはできます。そんなクォーツ・キャッツアイで水晶玉占いをしたら、楽しいでしょうね。私は何でも知っているみたいな顔をしている猫の目が浮かび出た水晶玉は、何を語ってくれるでしょうか。

このほか、各色のベリル、トルマリンなど多くの宝石に、キャッツアイ効果を持つ変わり種があることが知られています。

猫目石のお友達

こういったキャッツアイは、石の内部の特殊な構造が光の筋を生み出していますが、鉱物自体が極細の絹糸みたいであり、それが方向をそろえて寄り集まった集合体をなすことで、キャッツアイのような効果を発揮するものもあります。代表的なのがシリマナイト。これはアルミニウムの珪酸塩という単純な化学組成で、形状からフィブロライト、訳すると繊維石と呼ばれる極細結晶の緻密な集合体をしばしば作ります。この塊をカボションに磨くと、暗めの地色の中にくっきり光の筋が浮かび上がる、シリマナイト・キャッツアイになります。光の筋は、フィブロライトの繊維状結晶の並びの方向に直交するように浮かび出ます。よく手入れされたつやつやの髪に光が当たって、天使の輪ができるのと同じです。

猫ではない、他の動物の目になるものもありますよ。リーベック閃石《せんせき》という、青色の鉄の珪酸塩鉱物は、バサバサした糸みたいな繊維状結晶の集合体として出てきますが、集合体が後に

タンブル磨きした虎目石。画像横幅＝約10cm

シリカで糊付けされて――こう言いたくなる自然現象、本当にあるのです！――硬度を増すと、研磨に耐えるようになります。そうすると、丸っこく滑らかに磨いた表面に、もとのリーベック閃石の並びの方向に直交する光の筋が出るようになります。これを「ホークス・アイ　鷹目石」と呼びます。ソフトバンク・ホークスの鷹さんは丸いお目々ぱっちりに描かれていますが、猫みたいに瞳が細くなることもあるのでしょうか？

さらに、リーベック閃石がシリカ糊付けのうえ酸化変質すると、全体が茶色から黄褐色になって、それを丸っこく磨くと、鷹目石と同じような光の筋を発する「タイガー・アイ　虎目石」になります。虎さんはネコ科なので、細い猫目も期待できそうです。

鷹目石も虎目石も、主に男性向け装飾品に好んで使われています。でも、シリカ糊付けの済んでいない繊維状のリーベック閃石には、ご注意の上にもご注意を！　これは「青石綿」という、最も毒性の高いアスベストなのです。

このように石の中に繊維状の、つまり線状の特別な構造があるとき、その石はキャッツアイ効果を持つ可能性があります。では線状ではない層状の構造があるとどうなるでしょうか？

この場合も石が独特の光学的効果を発揮することがあります。造岩鉱物の一種の「長石」は、シリカ四面体同士の三次元的な結合によるフレームワークの一部で、シリカの珪素をアルミニウムが置き換え、不足する電荷をナトリウム、カリウム、カルシウムといった元素が入って補って成立する鉱物のグループです。このグループの中のカリウムとナトリウムの長石には、石の内部に光学顕微鏡でもよく見えないような、ごく細かな層状の構造ができていることがあります。こんな石では、入ってきた光がこの構造によって反射されて、月の光のようにぼうっとした見かけをなすことがあります。これが「ムーンストーン　月長石」で、六月の誕生石です。

ムーンストーンの内部の層状構造とは、ナトリウムに富む長石とカリウムに富む長石による層が交互に重なったもので、普通はカリウムに富む長石の中に量的には少ないナトリウムに富む層ができています。カリウムに富む長石のうち、溶岩として流れるようなマグマから結晶化したもの、またルビーやサファイアができるような高温の変成岩の中にできたものは、三割以上ものナトリウム長石を溶かしこんだ固溶体であることがあります。こんな長石は冷えるに従って、ナトリウムに富む長石が溶けきれなくなって、薄い層のように分離していきます。冷却速度が適当に速いと、層は、一枚一枚はごく薄く、そして間隔が光学顕微鏡で見えるか見えないかというほど密に、形成されていきます。こうなっても長石全体としては比較的透明度は高いままで、外からの光は石の中に十分に入りこめるのです。こんな長石の内部に入った光は、あちこちにある層の境界で反射し、その結果全体に白っぽくぼんやり輝く月の光のように見えるようになります[10]。この効果は石の割り面の特定の方向からでも見ることができますが、底面を内部の層の向きに平行に磨いたカボションではもっとはっきりします。幅に対して厚みがあるようなカボションだと、キャッツアイほどではないけれども白い光の帯のように見えることもあります。

　ここで内部の層の間隔が光の波長程度に細かく、またそろっていると、層の境界で跳ね返された光は互いに干渉して強めあい、層の間隔に応じた色を発するようになります。十月の誕生石「オパール」の場合と同じく、薄膜干渉という現象が起きるわけです。ブルー・ムーンストーンという、透明だがある方向に青い閃光を発するムーンストーンはこういった石です。

速やかに冷えた長石がムーンストーンになる一方で、の〜んびりゆ〜っくり冷えてしまった長石にはこの効果は表れません。ゆっくり冷える間にナトリウムに富む層が厚く育って、間隔も広くなって、このため石全体が透明さを失い白く濁ってしまいます。このような石は普通のカリ長石であり、宝石にはなりません。石材に使われる花崗岩にカリウムに富む長石は欠かせませんが、多くはこんな感じの長石です。

キャッツアイもムーンストーンも、でき方は違いますが、内部に特別な構造があることが独特の光学的効果を発揮し、宝石として成り立っています。特別な構造のために、石自体は完全に透明とはいえない半透明程度であることが普通で、ファセット・カット向きとはいいにくいです。それを生かすのがカボション磨き。最も古くからの宝石研磨法ながら、このような石の魅力を引き出すには最適の方法なわけです。おそらくキャッツアイ効果というものも、この研磨法と同じくらい古くから知られていたのではないでしょうか。

February

二月
アメシスト

従来の二月の誕生石は「アメシスト」です。温かみのある紫色の石で、紫水晶とも呼ばれる、つまりは石英の仲間です。宝石として用いられるアメシストの色合いには結構幅があり、ほとんどピンク色に見えるものから、薄紫そして濃い紫に至ります。アメシストはしばしばアメ「ジ」ストと書かれますが、これは正しくありません。本当はアメ「シ」ストです。名前はラテン語の酒に関係する言葉「アメシストゥス」にちなみ、この石を持っていると酒に酔わないという言い伝えがあります。

アメシストは色つきの石英の一種であり、どこにでもありそうに思える石ですが、この宝石にはぜひ触れておかねばなりません。その理由は、地色の紫にあります。

紫色は、洋の東西を問わず高貴な色とされてきました。日本では、聖徳太子の定めた冠位十二階で最高位とされる色が、紫でした。西洋では、古代フェニキア以降、紫色の染め物は王者や皇帝の色とされてきました。いわゆる「ロイヤル・パープル」です。古代ローマの皇帝の羽織るガウン（トーガ）が紫色だったというのは、よく知られています。紫色が高貴とされたのは、染料の入手が難しかったことによります。西洋の紫はある種の巻貝を原料とし、一方日本での紫は紫草の根というこれまた希少な植物から得られていました。ともに染料としてはわずかの量しか得られず、必然的にごくごく高貴な人々しか用いることのできないものとなっていったわけです。こんな状況は、なんと、近代的な化学が合成染料を編み出すまで続いたのでした。

宝石の世界を見てみましょう。さて、紫色の宝石にどんなものがあるでしょうか？　実は案外と少ないのです。宝石店の店頭にありそうなものは、ラベンダーひすいかスギライトくらいでしょう。ラベンダーひすいは緑色が典型であるひすいの、紫色をなす変わり種ですが、濃い紫になることはめったになく、名前の通り薄紫色であるのが普通です。スギライトは実は日本で最初に発見された鉱物で、和名の杉石がそのまま英語読み、そして宝石名になっています。ちょっと赤みを帯びた濃い紫色は、肌の白い西洋人の間で大好評です。この二つに加えて、最近見出されたバイオレット・カルセドニーがあったら、そのお店はなかなかの品ぞろえといっ

ブラジル産アメシスト群晶。根元のほうは無色なのに注意。
標本横幅＝約15cm

ていいでしょう。

しかし、大きな問題があります。ラベンダーひすいも、スギライトも、バイオレット・カルセドニーも、すべて不透明ないしは半透明の宝石なのです。つまり、ファセット・カットに向かない石ばかりなのです。レア・ストーンといわれる石まで目を向ければ、紫色でファセット・カットに向きそうな石には、スカポライトの色変わりや、同じくベビアナイトの色変わりが思いつきますが、硬度に難があります。つまり、紫色で透明でファセット・カットに向く宝石は、アメシストがほとんど唯一なのです！

アメシストの魅力的な紫色は、着色中心がもたらします。アメシストの紫色の原因はなかなかわかりませんでした。工業的な人工水晶の製造技術を研究する過程で、ほとんど偶然に、微量の二価鉄を含む石英（水晶）が自然界レベルの放射線を浴びると、紫色を発することがわかったのです。

アメシストの鉱物としての本体である石英は、一個の珪素原子の周りを四個の酸素原子が取り囲むおなじみシリカ四面体が三次元的につながりあって、最終的に珪素と酸素が一：二の組成になった鉱物です。構造がキッチリしているため、他の色石によくある微量の不純物金属元素が入り込む余地に乏しく、このため多くは無色のままとなります。

しかし、世の中に完璧はありません。化学的には不純な天然自然で育つ鉱物では、なおさらです。ごくごく微量、定量的に言えばピー・ピー・エム（一〇〇万分の一）からピー・ピー・ビー（一〇億分の一）といったレベルであれば、珪素を置き換えて他の金属イオンが紛れ込んでも、それによる結晶格子の「ひずみ」を抱きながら石英は全体的には成り立ちます。この「ひずみ」が着色中心として働いて、ただの石英に魅力的な色をつけ価値を上げるのですから、ご本体の石英もまんざらではないでしょう。

石英、というより水晶の仲間で色がつく変種は、なべて何かごくごく微量の不純物がからんだ着色中心によって発色しているといってよいものです。かすかな淡褐色から黒褐色に至る煙水晶は、ごく微量のアルミニウムを含んだ水晶が自然界レベルの放射線を浴びて色づきました。優しい薄ピンク色のバラ石英（ローズクォーツ）は、ごく微量のマンガンを含み、それに起因する着色中心があの淡い暖かい色を発しています。

着色中心による発色は外の物理的条件の変化に弱い傾向があり、水晶の仲間の発色も例外ではありません。中でもバラ石英は、光に当て続けると著しく褪色することが知られています。福島県石川町周辺では昭和三十年代にペグマタイト鉱床が盛んに開発されて、大量の石英や長石が出荷されました。ここでは普通の白い石英とともに美しいバラ石英が、径一mを越える大きな塊で出ることがあったのですが、現地のお年寄りから「一抱えあるバラ石英を床の間に飾っていたが、あるとき見てみたらほとんど色がなくなっていた」というお話を、苦笑いとともに聞いたことがあります。床の間の照明や窓から入る自然光程度でも褪色するほど、バラ石英のピンクははかないのです。アメシストはさすがにこれほど極端に褪色することはありません。しかし、四〇〇度くらいの高温で熱処理すると、着色中心が解消され色がなくなってしまいます。さらに高温で加熱すると、今度は含まれている鉄が酸化して、石は黄褐色に変化します。これがトパーズの偽物として流通したことは、「秋」の章にある十一月の誕生石のところでお話しいたしました。

アメシストは、歴史的にはロシアのウラル山脈で極めて良質のものが採られていたことが知られていますが、現在はブラジル南部のリオ・グランデ・ド・スルと国境を越えたウルグアイが産出の中心となっています。産状は両方とも共通していて、玄武岩の中の晶洞です。晶洞とは、液体状のマグマの中にあった「あぶく」が、マグマが固まって火山岩になったときに空洞として残り、その壁に何か鉱物の結晶がびっしり生えたものです。メーター・サイズに長く伸びた空洞の壁一面にアメシストが群生する大型標本を、どこかでご覧になったことがあるかもしれません。国立科学博物館で開催された宝石展にも、このタイプが出展されていました。この晶洞の故郷は、中生代白亜紀に現在のブラジルとウルグアイの国境にあたる地域で活動した、大量の玄武岩です。最終的に緩やかな溶岩台地を形成することから「台地玄武岩」と呼ばれることも、また、実際の活動時にはまるでマグマの洪水のようであったろうとの想像から「洪水玄武岩」と呼ばれることもある、大量の玄武岩です(11)。この玄武岩が後に強烈な変質作用を受けて、その時に岩石の中の空洞に石英などのシリカ鉱物が析出し、紫水晶の群生する晶洞を作り出したのです。玄武岩は鉄やマグネシウムに富む火山岩ですので、紫水晶を色づける鉄に不足はないわけです。

紫水晶の晶洞の出方は、ブラジル側とウルグアイ側でちょっと違っています。ブラジル側では玄武岩の変質が進み全体が粘土化して、晶洞をシャベルで掘り出すことができるといわれています。一方南のウルグアイでは玄武岩はまだしっかりしていて、硬い岩石を割って晶洞を採掘しています。色の上では、ウルグアイ産のアメシストが濃色な傾向があります。どちらの産地でも、柱状の水晶の外側から上部だけが色づいていることが多く、色石としての歩留まりは必ずしも高くありません。

紫水晶は、日本でもよく見られた鉱物でした。日本では第二次大戦前後に新生代の金属鉱床の鉱脈が盛んに開発され、結構な量の銅・鉛・亜鉛などの金属を生産していました。こういった資源鉱物の脈石、つまり鉱床の石たちのうち有用な金属を含まない役に立たないものの中に、ごく普通に紫水晶があったのです。たとえば、栃木県の旧・富井鉱山は、紫水晶の産出でもよく知られています。

残念ながら国産の紫水晶は細かめの結晶の群生であることが多く、宝石として使えそうなものはほとんどありません。数少ない例外が、宮城県白石市の雨塚山でしょうか。ここでは長さ一〇センチメートル級の、親指くらいの太さはある透明な紫水晶がかつて採れていました。色は薄いものの透明度は抜群で、おそらくカットに耐えたと思います。

二月の誕生石アメシストは、たかが色つき水晶ではあっても、宝石界全体を見渡してさえ数少ない紫色でファセット・カットが可能な石です。　他の宝石同様にアメシストも、外国産の石が当たり前になっていますが、かつては案外と身近にあったことを、何かの折に思い出していただければ幸いです。

春めぐり来て

終章

March

三月
ブラッドストーン

三月ともなると、強さを増す日差しに春が間近なことを感じるようになります。あと少しで暖かく、花と光にあふれる季節になるという、期待に満ちるこの月に、新しく二つの誕生石が置かれました。ブラッドストーンとアイオライトです。

はじめにブラッドストーンからご紹介しましょう。

なんでしょう、この名前。直訳すると血石。そう呼ぶこともあります。また、血滴石と呼ばれることも。(1) なにか胸騒ぎがするような名前です。

石自体も、暗い感じです。暗緑色からほとんど黒といいたくなるような不透明な生地に、点々と赤いスポットが散る石です。華がないどころか、禍々《まがまが》しささえ感じる雰囲気。なんでこんなものが誕生石に選ばれたのでしょうか。

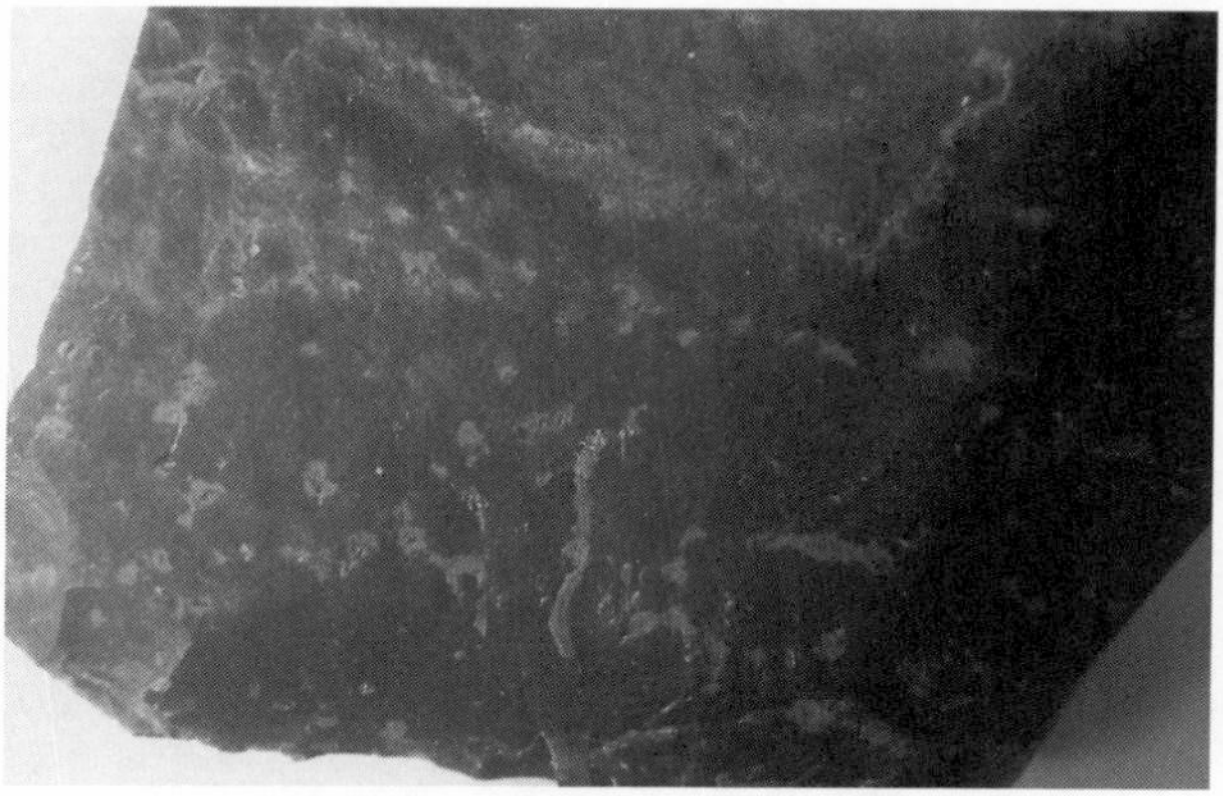
ブラッドストーン原石。インド産、画像横幅＝約５cm

ブラッドストーンの石言葉は、勇気、聡明、献身、などとされます。地味で落ち着いた色合いの石ですから、こういった言葉はこの石にふさわしいでしょう。画像検索して宝飾品としての用途を見ると、大型の石を据えたリング、特に印章を兼ねたリングや、ピン、ペンダント・トップなどが出てきます。ネックレスやイアリングといった装飾品らしい使われ方とは、ちょっと違うような気もします。

いかにも地味なこのブラッドストーン、実は誕生石の先達である欧米圏では、三月の誕生石の筆頭なのです。中世ヨーロッパでは、ブラッドストーンでキリスト教の聖人の像や十字架を彫り、お守りに使っていました。神聖なものとして扱われるその訳は、ブラッドストーンが磔《はりつけ》にされたキリストの血を浴びた石と信じられたことでした。なるほど、だから「ブラッド」ストーンなわけですね。和名はまさしく直訳ですが、それで正しかったわけです。

このようないわれの石なものですから、「血」にまつわる諸々から守ってくれるシンボルとされてきました。血止めの薬として使われたこともあり、また兵士のお守りとされたこともありました。戦争で傷つかないように、そして無事に帰還できるようにという思いを込めたお守りだったのでしょう。勇気や献身という石言葉も、このような用途によく合います。

かつて男性が命を懸けたのがリアル戦争であるなら、女性にとって同じく命がけのイベントはお産だったでしょう。昔は少なからぬ女性がお産で、とくにお産に伴う大出血で命を落としました（もちろん今だって、女性の人生での大事であるのに変わりはありませんし、残念ながらお産で命を落とす方もおられます）。昔のヨーロッパで妊娠した女性が身に着けたブラッドストーンのお守りには、お産の無事を祈る心が込められていたのでした。日本の仏教はお産で命を落とした善女たちを血の池地獄に沈めましたが、海の向こうでの扱いはもう少し優しかったような気がします。

いかにも血のようなスポットを持つブラッドストーンの鉱物としての正体は、不純物に富む石英で、「ジャスパー　碧玉《へきぎょく》」と呼ばれます。石英といえば、溶けない氷のような水晶が思い浮かびます。二月の誕生石アメシストは、そんな水晶の色変わりでした。ところが石英は、これとは程遠い姿で出てくることも珍しくありません。一粒一粒が目で見えないくらい細かな結晶が集まった、緻密な集合体で出てくることも、氷のような水晶に負けず劣らず多いのです。このような形態を微晶質ということを、「冬」の章の十二月の誕生石トルコ石のところでお話ししました。

微晶質な集合体で出る石英には、伝統的にいろいろな名前がついています。半透明な微晶質石英は「玉髄《ぎょくずい》」と呼びます。「カルセドニー」という英名のほうが最近は通りがいいかもしれません。カルセドニーもよく宝石利用され、いろいろなものが知られています。赤色で特別の模様も何もない組織が均質なものは、宝石名「カーネリアン」と呼ばれます。アップル・グリーンで組織が均質なカルセドニーは「クリソプレース」と呼ばれ、主な産出国であるオーストラリアで人気があります。色の縞が発達したカルセドニーは、「めのう」と呼ばれます。生地がカーネリアンのように真っ赤で中に白い縞模様を持つ石が「サードニクス　紅縞めのう」で、ペリドットと並んで八月の誕生石に選ばれています。鮮やかな朱赤に白い大ぶりの縞が入るサードニクスは、大きな磨き板を連ねたネックレスにすると、いかにも夏の装いに似合いそうです。

半透明なカルセドニーは不純物が少ないのですが、一方で不純物だらけの微晶質石英もあり

多彩なジャスパーの磨き石。画像横幅＝約10cm

ます。微晶質な石英の集合体は多孔質な状態のため、鉱物粒の隙間にいろいろな他の鉱物が夾雑物として入り込むことが珍しくありません。こうなると集合体は透明度を失い、濃い色に着色します。こんな微晶質石英がジャスパーなのです。酸化鉄を夾雑物として含むと、石は茶色から鮮やかな赤になります。ブラッドストーンの、血に見立てられる赤い部分がこれに相当します。一方、カルセドニーができるような場所で安定的にできる粘土鉱物が、夾雑物となることもあります。ブラジル産アメシスト晶洞では、アメシストの生える土台のところが一面青緑色になっているのをよく見ますが、これはサポナイトやセラドナイトという粘土鉱物の一種で、晶洞の母岩玄武岩が変質してできたものです。このような粘土鉱物を夾雑物としてたくさん含むと、微晶質石英は暗緑色不透明となります。こういったものがブラッドストーンの生地の部分にあたります。粘土鉱物を含む部分と酸化鉄が入り込む部分がともに存在すると、暗緑色の生地に赤いスポットが入ったブラッドストーンになるわけです。ブラッドストーンは、ジャスパーの特別な形態といえます。

こうして微晶質石英の隙間に取り込まれる夾雑物にはいろいろなものがあり得て、このためジャスパーは様々な色と組織を持つようになります。ジャスパーでの不純物の割合は二〇%を超えることもあり、こうなると本当は「石英」と呼んでいいのかどうかもアヤシイかもしれません。実際のジャスパーの組織にはシリカに富む火山岩である「流紋岩」などによく見られる組織が認められる場合もあり、この場合は火山岩自体がシリカのしみこみを受けてジャスパーになったのではないかと想像されます。火山岩どころか、ある種の化石がシリカに置き換えられたらしい特徴ある組織をウリにするジャスパーさえあるのです。このように「ジャスパー」といえば、色合いと組織が本当に様々な石を並べることができます。石の標本や宝石のルース（裸石）を扱う店では、いろいろな石をタンブル磨きしたビーズを置いていることが珍しくありません。ジャスパーはそんな磨き石の「常連」で、そんな店ではジャスパーの多様な姿を見ることができます。

日本では長らく誕生石とは縁遠かったジャスパーですが、実は昔から人々が愛でてきた石でもあります。碧玉（つまりジャスパー）の中の三大名石といわれることもある出雲石、佐渡の赤玉石そして津軽の錦石がその石たちです。いずれも身に着ける装飾品というよりは、床飾りなど大きな塊の色合いと姿を鑑賞することのほうが多いようです。出雲石は深い緑色で、まさに碧玉の名にふさわしいものです。古くは勾玉として愛用され、近世も根付けなどの装飾品に用いられてきたようですが、現在は鉱脈が細って本当の貴重品になりつつあります。佐渡の赤玉石は名前の通り赤色の大塊の威容が、錦石も赤主体の地に躍るオレンジ・黄褐色・褐色などの華やかな文様が、それぞれに楽しまれています。

これら国産ジャスパーが出てくるところは、新生代の後期、今から約一五〇〇万年前に日本海が開いたときに、激しい火山活動、それも海底火山活動が起こった場所です。[2] 海底に溶岩として流れ出たマグマには岩体の中に多数の割れ目が発達し、中を海水が循環して冷え固まっていきました。その過程で、溶岩からはシリカが溶かし出され、自身は粘土鉱物の集合体に変質していきます。溶かし出されたシリカはやがて沈殿して微晶質の石英、つまりカルセドニーやジャスパーを形作っていったのです。シリカだけが沈殿すれば半透明のカルセドニーに、沈殿の場にあった粘土鉱物や酸化鉄などを巻き込んで固まればジャスパーになるわけです。

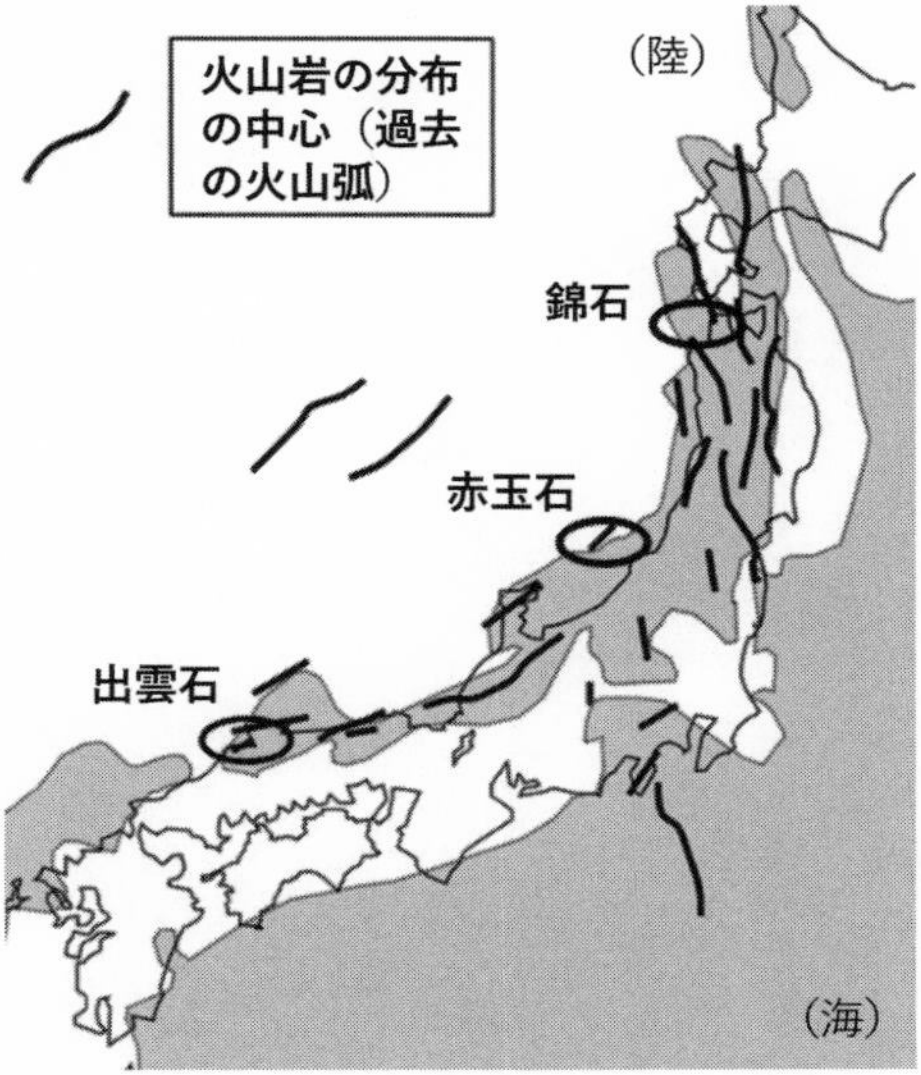

日本海拡大期の地層の分布と三大碧玉の産地

日本海の形成に伴ってできたジャスパーの中には、欧米圏の人々になじまれてきたブラッドストーンに相当する色や組織のものもあるでしょう。欧米流の使い方では親しまれてこなかった日本のジャスパーにも、誕生石に選ばれたことをきっかけに注目が集まるかもしれません。

ブラッドストーンを誕生石としてきた欧米圏では、それはキリストの受難を象徴する石でした。十字架で刑死したイエス・キリストは、その三日後に復活したとされます。キリストの復活を祝す宗教行事は、高緯度にあるヨーロッパで春の訪れを祝う土着の祝祭と合体して復活祭——イースター——となりました。復活祭は、春分の日を過ぎた最初の満月の後の日曜日とされ(3)、現在広く使われる太陽暦では多くは四月初めにあたります。復活が四月なら先行して受難があるわけで、こういった理由から三月の誕生石にブラッドストーンが選ばれてきたのではないでしょうか。キリスト教国ではない日本でも三月の誕生石となったのは、一種横並びなのかもしれません。いかにも地味な風情のこの石は、光あふれる春の前の最後の暗がりなのでしょうか。

March
三月
アイオライト

菫《すみれ》の花が咲くころ

少しずつ暖かくなってきました。林間に差し込む日の光は強さを増すものの、地面はまだ枯れ落ちた葉に覆われ、日本の多くの地域では緑の気配は月末まで望みにくいでしょう。そんな春先の日当たりに真っ先に小さな花を咲かせるのは――菫です。そして、新しく三月の誕生石に選ばれたのも、この花にちなむ石です。

宝石アイオライトの名は、ギリシア語の菫色（イオン）と石（リトス）にちなみ、ギリシア語由来の「イ」「リ」を「アイ」「ライ」と英語読みしています。意味は文字通り、「菫の石」ですね。英名は「コーディエライト」といい、フランスの地質・鉱物学者ルイ・コルディエルにちなんでいます。専門の世界でも使われる鉱物和名は菫青石《きんせいせき》で、こちらは宝石名に沿った名

アイオライトの多色性はこんなに極端。結晶の高さ＝約2.5cm

前といえましょう。

アイオライトは、名前の通り、菫のような紫色にも見える宝石です。なんか歯切れが悪いのは、この石は多色性が顕著で、それも、ある方向では紫色、別の方向ではほとんど無色という極端な色変わりをする石だからです。二つの色合いを持つといってもいいような性格で、「ダイクロアイト」つまり二色石という宝石としての別名も持っています。

ダイクロアイトの一つ目の色は、文字通り菫を思わせる紫色です。色の濃いものは、やや青色を帯びた紫色で、アメシストの紫を古代紫とするならば、アイオライトのほうはより江戸紫に近いといえるかもしれません。宝石としてのさらなる別名に「ウォーターサファイア」があり、青味の強い石にはピッタリに思われます。菫の花に薄紫のものがあるように、アイオライトでも色が淡く薄紫色であることもよくあります。さらには、まったく無色の場合も。非常に珍しいそんな石は、たとえてみれば白菫でしょうか。

アイオライトの二色目の色は、残念ながらあまり美しくありません。透明ながらごくごく淡い灰色から褐色を帯びることが多いため、全く映えないのです。クリアな無色だったらもっと評価されるのにと、思うことしきりです。ビビッドな紫の結晶を回していくとくすみのある透明に色変わりするというのは、激変中の激変であり、大学での鉱物学の実習でやってみるとたいていウケます。教育用にはうってつけです。しかしカットストーンでは少々厄介です。色の変化が極端であるため、普通の使用に適する厚みの石ではどうしても中央部と端とで大きな色の違いが出てしまうのです。一つの石の中で色が定まらないようであるのは、色石として本来は好ましくありません。でも、イアリングやペンダントでゆらゆらと揺らす使い方をし、わざと色変わりを楽しむというのなら別でしょう。

極端に色変わりする石なので、昔のバイキングは航海中にこの石を太陽にかざして色を見て、進むべき方向を知ったという言い伝えがあります。(4) アイオライトの色と結晶学的方位の関係(経験的で十分)、そして太陽の運行について知識があり、いつも決まった位置に石をかざすことができるならば、これは可能かもしれません。予備知識や経験なしにこんなことをしたら、色に惑わされるだけでしょう。こういう言い伝えもあって、アイオライトには、正しい方向への前進を促したり、目的を達成するための洞察力や直観力を向上させる力があるとされます。人生に前向きでいたい人にはふさわしい石でしょう。青系の色には気持ちを落ち着かせる効果があります。これが良い判断を引き出すということなのかもしれません。

アイオライトは、マグネシウムとアルミニウムからなる珪酸塩鉱物です。結晶構造はベリルやトルマリンによく似ています。ただ、ベリルとトルマリンの骨格が六個のシリカ・イオン四面体のつながった輪であるのに対して、アイオライトの骨格にはアルミニウムが加わってきます。六個の四面体のうち二個で、中心の珪素原子がアルミニウム原子に置き換わっているのです。この輪のような構造は大きなマイナスの電荷を持っているため、それを骨格の外にあるマグネシウムやアルミニウムのプラス電荷がバランスして、電気的に中立な鉱物として成り立っています。そして、マグネシウムの一部をプラス二価の鉄が置き換えるのも、自然界で生まれる鉱物ではほとんどお約束のようなものです。アイオライトの色は鉄が入ることでもたらされ、その量によって最も濃い色についての濃淡が決まってきます。アイオライトの紫はペリドットと同じメカニズムでもたらされ、自色の宝石といえます。

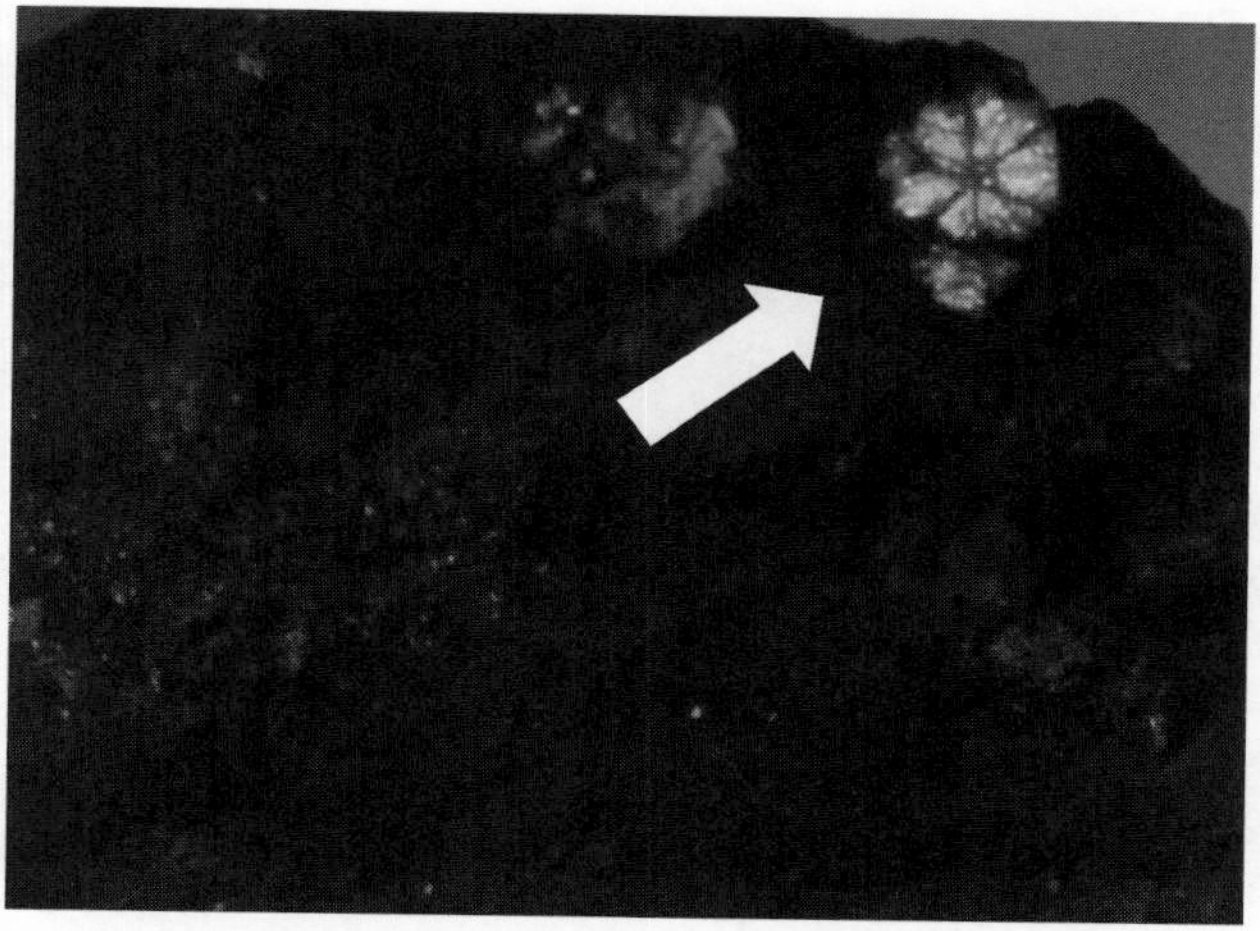
京都府亀岡天神の天然記念物「桜石」は、熱変成岩の中の菫青石のスポット。画像横幅＝約３cm

エールを、引っ込み思案の友人に

自然界でアイオライト、いえ菫青石（以下しばらく、宝石でないものについて書くので菫青石としましょう）は、泥が固まった岩石である泥岩が高い熱を受けて変成された変成岩に出てきます。泥岩は、アルミニウムが濃集した化学組成で、菫青石ができるのにうってつけです。あまり地下深くないところの変成岩に特徴的で、目立たない存在だけれど研究者はよく出くわします。たとえば平均的な大陸地殻の厚さの半分より浅いところでできた変成岩では、菫青石がしばしば出現するのに対し、それより深いところの変成岩ではガーネットが出る傾向があります。

変成岩の研究者たちは菫青石とガーネット

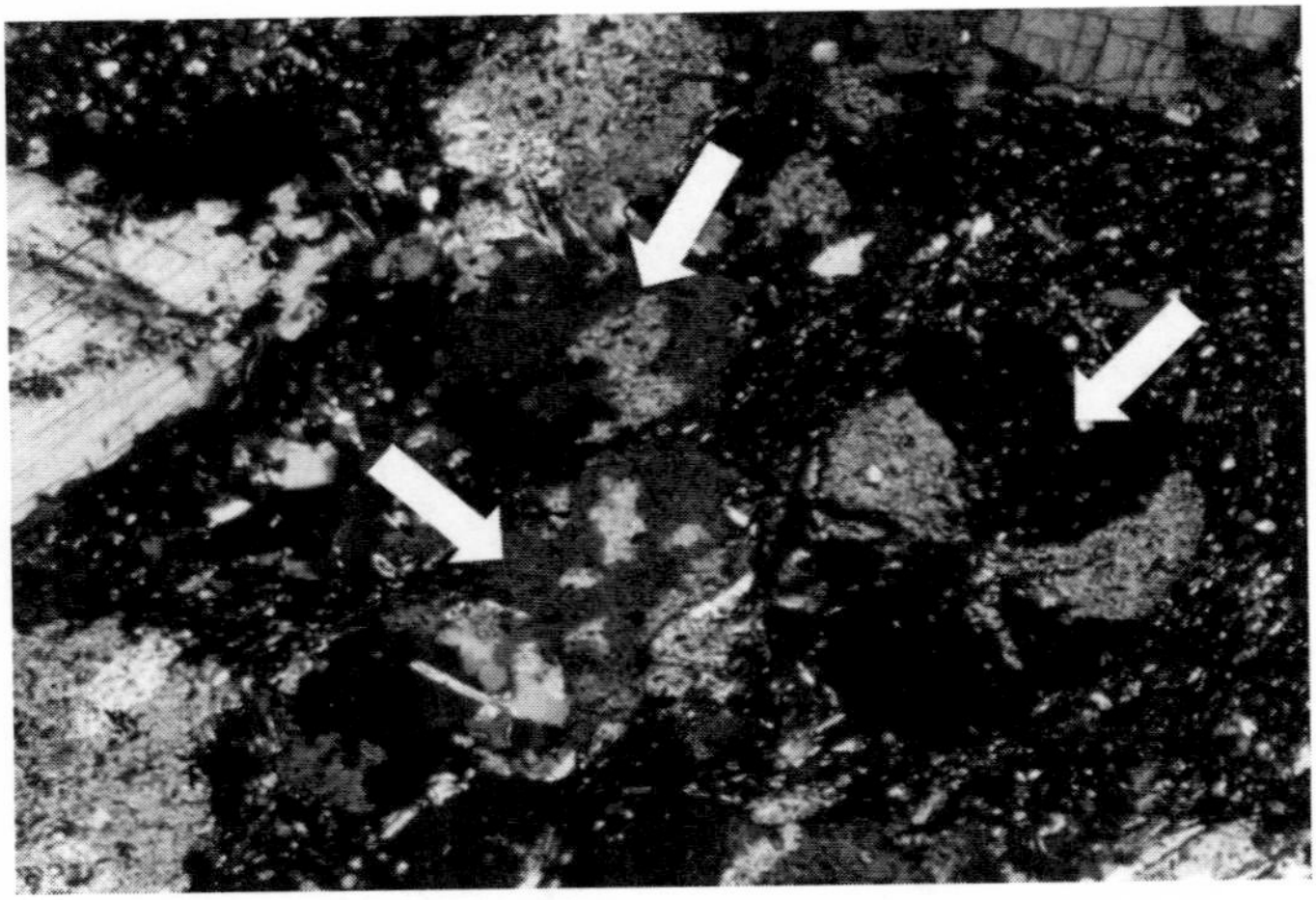

熱変成岩の中の菫青石の偏光顕微鏡写真。桜石の構造を持つものもある（矢印）。岩手県遠野市産。画面横幅＝約２mm

を何かと対にして語ることが多いので、ここでもそういう風にしてみると、菫青石はガーネットと違って自らの結晶の形をなかなか表に出さない性格といえます。泥岩から変わった変成岩で、ガーネットは最初からコロッとした粒々のざくろの実のような自形結晶として出てくるのに対して、菫青石はなんか形があいまいな楕円形のシミのような格好で出ることが珍しくありません。そんな菫青石を顕微鏡で見てみると、結晶の内部に岩石の基質と同じ石英や長石の丸い粒がたくさん包み込まれています。現代的な鉱物化学分析の手法では一㎜より小さなスケールでスポット的に鉱物を分析できるのですが、こんな手法を使うにしても分析者を泣かせるくらい包有物だらけです。変質分解しやすいことも、ガーネットと対照的です。菫青石は容易に一種の白雲母の集合体に分解してしまい、他の鉱物は分析データが取れるが菫青石だけは無理ということがよくあります。変成岩の研究者は、鉱物の化学組成を使って、それらができた地下での温度や圧力を推定することを普通にやりますが、こんなときにはガーネットが大変役立つのに対して、菫青石はほとんど無力です。ついでに言うと、こんな変成岩の中の菫青石がアイオライトと呼ぶにふさわしく透明な紫色の可憐な姿を見せてくれることはまずありません。

変成岩の中の小粒の菫青石の優等生は、三個の結晶が貫き合いつつ集まって桜の花のように見える「桜石」でしょう。京都府亀岡天神の桜石は有名ですが、そこに限らず、このような形の菫青石はしばしば認められます。菫変じて桜とは、自然の神様もアジなことをしてくれます。

変成岩によくある菫青石は宝石利用が無理とするなら、では宝石質菫青石はどんなところに出るのでしょうか？　一つは、泥岩から変わった変成岩があまりの高温のために一部溶けてできる花崗岩のような性質の岩石と、同じような環境下でできた石英脈の中です。そのような岩石で鉱物粒が非常に粗いものでは、菫青石本来の柱のような形の結晶をなして出てきます。このような菫青石は、内部の包有物も少ないことが多いのです。茨城県日立市にあった日立鉱山では、かつて、石英脈の中から一〇センチメートル級の大きな菫青石が採れました。残念なが

日立鉱山産菫青石（暗色の部分）。標本横幅＝約10cm

ら、多くは宝石になる色ではなかったようです。

もう一つは、地下深くで泥岩から変わった変成岩を取り込んで溶かしたり、泥岩起源の変成岩が一部溶けたメルトを混ぜ込んだりした花崗岩です。前に述べた変成岩が一部溶けた岩石と違って、こちらは一般的に大きな岩体をなして分布します。三重県尾鷲市から和歌山県新宮市あたりにかけての紀伊半島東側には、熊野酸性岩と呼ばれる花崗岩の仲間が分布しています。この岩石は、泥岩から変わった変成岩によく見られる鉱物を取り込んでいて、そうしたものの一種として菫青石が出てくるのです。熊野酸性岩はローカルに石材利用されていてあちこちに小さな採石場がありましたが、そんな場所では石のかけらから、指先ほどの大きさの薄紫の菫青石を採集することもできました。

本当に宝石として使われる菫青石（ここからは宝石の話なのでアイオライトに戻ります）は、ブラジル、インド、マダガスカルなどで産出します。大陸の地質はスケールが大きいとよくいいますが、これら産地で変成岩が一部溶けた岩石はキロメーター・スケールの岩体をなし、鉱物粒は粗粒です。含まれるアイオライトもたとえば握りこぶし大にもなることがあり、透明度が高く色もはっきりしています。このような石でないと宝石利用は無理でしょう。

アイオライトは比重が二・六から二・六六と、宝石の中では低いほうです。これは、同じカラット数で大きめの石になるということを意味します。硬度は石英並みです。こういった性質は、この鉱物が地中の非常に高い圧力とは縁の薄い鉱物であることの反映です。地下の高圧下でできる鉱物は、自身が圧力に負けまいとするのか、構成原子が詰んでいて重く、硬度も高くなることが多いのです。

アイオライトの青紫色は含まれる鉄分がもたらし、鉄の多いものほど濃くなる傾向があります。そんな石をテーブル面の大きなスタンダードなファセット・カットで仕立てると、上から見るのは結構だがちょっと横に傾けるとあら残念ということになりがちです。極端な色の変化はどうもというのであれば、色の薄いタイプの石を選ぶほうがよいでしょう。でもここは開き直って、多色性による色変わりを前提としたカットで楽しむのも良いのではないでしょうか。

イアリングやペンダント向けのブリオレット・カットは、まさにそういったカットです。指輪であるならば、古風なローズ・カットや、アンティーク・クッション・カットの側面で、徐々に色が変わる様子を見ることができるでしょう。

アイオライトは、変成岩で仕事をしてきた私にとって、ガーネットと並ぶ鉱物界の友達です。ガーネットがそのまま宝飾利用もできる自形結晶の姿に恵まれているのに対して、アイオライトはカットという人工を加えないと魅力を引き出せない宝石であり、しかも強い多色性はテーブル面を広くとるカットでは難点を引き出しかねないリスク要素でもあります。幸い、多色性による色変わりも変わったカットも、最近は石の個性として受け入れられてきています。三月の誕生石として選ばれたこと、そしていかにも春の花である菫の色を映した石であるということで、今後宝石として注目されていくことを期待します。遅れてデビューした友人が輝かしいステージに向けて歩むであろうことを想像しつつ、私も声援を送っていきたいと思います。

March 三月 アクアマリン

日本の三月の誕生石は従来サンゴとアクアマリンでした。日本で誕生石が決められたころはどちらかといえばサンゴ推しでしたが、最近はアクアマリンが優勢のようです。

宝石アクアマリンの名は、海の水を意味するラテン語に由来します。海に縁のある宝石として、海神ポセイドンの怒りを鎮め、海に出た者の無事な帰還を支える力があるとされました。このいわれから船乗りたちのお守りとなり、アクアマリンを持つ船乗りは困難を打開する勇気と智恵を持つと信じられたのです[5]。

アクアマリンが海の色を映したかのような宝石であるとしても、海の水の色はいろいろですよね。サンゴ礁のラグーンのアクアグリーンから輝く水色、空の色を映したようなスカイブルー、そして力強い黒潮の流れのような暗い紺青。アクアマリンの「海の水の色」というのはどんな色なのでしょうか？

実は、全部正解といってもよいのです。アクアマリンはモルガナイトやエメラルドと同じベリルの一種ですが、色のバリエーション豊かなベリルの中ではっきりした青系の色を現し、クリアな結晶だけが、アクアマリンを名乗ることができるのです。緑色の気配は一定程度許容されますが、宝石ではないただのベリルが淡緑色であるので限界があります。緑色の気配は、場合によっては熱処理で飛ばされることもあります。ですから基準は、あくまで澄んだ海の水としてあり得る色かどうかでしょう。

クリアであることも、アクアマリンの重要な要素です。傷や包有物がないということが求められるのです。天然自然の鉱物結晶で、これは厳しい条件であることが多いのですが、アクアマリンなら大丈夫。理由はその生育環境にあります。アクアマリンをはじめとするベリルの仲間の多くは、花崗岩の拡大コピーみたいな岩石であるペグマタイトに産します。ペグマタイトは花崗岩マグマから蒸気になりやすい成分ばかりを集めたようなものからできるため、本体の花崗岩の中のアブクみたいな空洞や、固まりかけた花崗岩の亀裂を部分的に埋める脈の形で出てきます。花崗岩にはごく微量しか含まれず、したがって独立した鉱物を作らない元素が濃集していることもペグマタイトの大きな特徴で、ベリリウムもそんな元素の一つです。こういった理由で、ペグマタイトにはよくある淡緑色に限らない様々な色のベリルが出てきます。ペグマタイトに産するベリルは、空洞の中や脈の隙間という空間で、伸び伸びと育ちます。成長には恵まれた生育環境にあったものですから、傷や包有物が少ないクリアな結晶に普通に育つことができるのです。揉みしだかれる変成岩の中で苦労して（？）育つエメラルドとは、この点が大違いです。

これも恵まれた生育環境の反映なのか、アクアマリンは大きな結晶が珍しくないのです。これまで得られた最も大型のアクアマリンは、アメリカ宝石学協会によると、一一〇キログラムに達するということです。比較的最近も、二〇〇九年のドイツ、ミュンヘンのミネラル・ショーに、長さ三二センチメートル、径一六センチメートル、重さ一〇キログラム近いアクアマリンが出品され話題になりました。これほどでなくても、長さ一〇センチメートルくらいの透明な細長い石は、国内開催のミネラル・ショーでもよく目にします。

大型になりやすいことに加え、アクアマリンはわりと産出量の多い宝石鉱物でもあります。以前はアクアマリンといえばブラジルのミナス・ジェライス州とその北東側のマランバイア地方の特産品であったのですが、二十世紀終わりごろからパキスタン、アフガニスタン、中国といったアジアの国々が産出国に名を連ねるようになりました。近年はアフリカ諸国、特にマダガスカル、タンザニア、モザンビークなど東アフリカの国々が、良質のアクアマリンを産するようになってきています。

こうなってくると、質の評価が重要になります。アクアマリンの場合は、石の色が評価の決め手です。アクアマリンは海の水の色といっても、その中でどういった色合いが特に高い評価を受けるのでしょうか？　実は手掛かりがアクアマリンの和名にあります。アクアマリンの日本名は「藍玉」です。ベリルの学術的和名は緑柱石ですが、特にアクアマリンを指して「藍柱石」と呼ぶこともありました。これらの名前からは、アクアマリンを濃い青色の石と理解していることがわかります。

歴史的には、十九世紀末から二十世紀初めにかけて、ブラジル産の濃色のアクアマリンが極めて高い評価を受けていたという事実があります。ブラジル、ミナス・ジェライス州のサンタマリア鉱山産のアクアマリンがそれです。ほぼ同じ時代、ロシアのウラル山脈からもやはり濃い青色から藍色に輝くアクアマリンが産出し、かつてのロマノフ王朝のジュエリーにその姿をとどめています。こうした歴史を背景に、アクアマリンは今でも青味の強い濃色の石が高く評価される傾向があります。つまり、黒潮の色のアクアマリンの評価が高かったわけです。(6)　サンタマリア鉱山はだいぶ昔に閉山してしまいましたが、この鉱山から出たほとんど藍色といってよいような色の深いアクアマリン「サンタマリア」には、出物があれば今でも高値が付くと聞きます。

サンタマリアに似た色合いの石は、後の二十世紀終盤になって、大西洋を隔てたナイジェリアでも見つかりました。こちらは「サンタマリア・アフリカーナ」、つまりアフリカ産サンタマリアと呼ばれ、本家に負けない高い評価を受けています。

これらとは別に最近評価が上がっているのは、モザンビーク産のアクアマリンです。モザンビークは最近、各種の宝石の産地として世界中から注目されています。同じベリルの仲間であるエメラルドでも、質の高い石の産地として定評があります。東アフリカの宝石国といえば、タンザナイトのタンザニアや、各種の宝石鉱物を産するマダガスカルが有名ですが、モザンビークは後発ながら、宝石で貧困を撲滅する施策を行っているということで、今後の躍進が期待されます。

これら評価の高いアクアマリンは、カジュアルなジュエリーによく見る淡い水色のアクアマリンとは、色合いからして別物といってよいと思います。コーディネートの上でも、藍色の石を合わせるべき装いと水色の石がマッチする装いは、かなり違うでしょう。水色系の石には歴史的なプレミアがつかないということは、より手ごろな価格で手に入る可能性があることを意味します。アクアマリンについては、歴史的評価はさておき、現代の軽やかなファッションに合う石を選んでいくのが正解ではないでしょうか。

水色系のアクアマリンは、パキスタンやアフガニスタンからもたくさん産出しています。十年くらい前までは、日本で開催されるミネラル・ショーの花形鉱物でした。こういったショーに出てくる石のうち上質のものが、ジュエリーに使われているのでしょう。ショーには宝石になりそうもないアクアマリンもたくさん出ています。たいていは細かったり小さかったりして、プチ・ジュエリーにも向かないサイズの結晶ですが、アクアマリンを名乗るだけあって透明度が高いのがうれしい点です。お値段も一本三〇〇円から一〇〇〇円くらい（当時）とお手軽でした。こんなアクアマリンについてのひそかな楽しみが一つありました。

これも自由な空間で育ったせいでしょうか、アクアマリンの結晶には柱の頭部にいろいろな面が発達する傾向があります。アクアマリンもモルガナイトもエメラルドもみなベリルですから、六方晶系そのものの六角柱の結晶になりますが、柱の頭の面を見ることができる場合、エメラルドやモルガナイトではすっぱり切れた平面であることが多いのに対して、アクアマリンはちょっと違うのです。平らな頂面の端に角を落としたように細長い面ができているのは序の口で、柱の面同士の角に三角形をした小さな面が普通に現れ、やがてそれがどんどん多彩にな

アクアマリンの結晶先端のバリエーション

もともとトップは平らな六角形

脇に小さな面が出来て

だんだん脇の面が大きくなって

削った鉛筆の先みたいになる

り変化して、ついには平らな頂面を追放して削った鉛筆の先のようになったりします。小さなアクアマリンの結晶の形のバリエーションを集めるというのは、ちょっと玄人っぽい趣味ではありませんか。一〇倍くらいのルーペの下での楽しみですが、もし標本にしかならない小さなアクアマリンを矯《た》めつ眇《すが》めつする機会がありましたら、ぜひお試しください。

羽ばたけ、新しい宝石たち

六十三年ぶりの改定により、誕生石の数は従来の約一・五倍に増えました。しかも、宝石鉱物として目新しいものが、いくつも含まれています。私は地球の固いところを相手にする研究で、いろいろな鉱物を相手にしてきました。その中には宝石になりそうなものはほとんどないのですが（ゼロともいいませんが）、もともと鉱物好きで宝石の世界も覗き見していた身としては、宝石として世の中に広まる鉱物が増えることはとてもうれしいのです。

宝石を鉱物科学の立場から解説した古典的な書物に、白水晴雄氏と青木義和氏という九州大学鉱物学講座の二代にわたる教授の著わした『宝石のはなし』（一九八九年刊）があり、本の初めのほうに「代表的な宝石」の一覧表が置かれています。そこにリストアップされた宝石から従来の誕生石を差し引き、残りを今回新たに加わった誕生石と比べてみると、案外と重複が少ないのに気づきます。新しい誕生石のうち『宝石のはなし』の一覧にも取り上げられた宝石は、スピネル、二種類のクリソベリル（つまり、アレキサンドライトとキャッツアイ）、ジルコンで、モルガナイト、スフェーン、クンツァイト、タンザナイト、ブラッドストーン、アイオライトは選外です。今回の誕生石の改定では、昭和の終わり頃の認識に比べて結構目新しい宝石が追加されていることになります。一覧表にないもののうち、クンツァイトは二十世紀早々に、タンザナイトに至っては『宝石のはなし』の初版が出版されるほんの二十年ほど前に発見された本当に新しい宝石です。おそらくタンザナイトはまだ宝石としての評価が定まらず、そしてクンツァイトは代表的産地であったブラジルでの生産が落ち込んだ時期にあたったことが、選に漏れた理由ではないかと想像します。スフェーンとアイオライトが一覧表に入っていないのも、おそらくは供給側の問題ではないでしょうか。

新しい誕生石を並べてきて気づくのは、青紫を含む青系の石が好んで選ばれていることと、水色やピンクといった柔らかい中間色の石がやはり好まれている点です。ピンク色を筆頭とする中間色は多くの女性に好まれており、アパレルだけではなく様々な身の回り品にピンク系の色を見ることができます。いわゆる女性らしさを表現したいときにも、やさしいピンクをはじめとする中間色が好んで選ばれるのは事実でしょう。ともあれ今回の改定が、誕生石の色のバラエティーを拡大したことは間違いありません。

今回加わったような中間色の宝石が日本で誕生石に選ばれてこなかったのは、約六十年前の制定時にはそういった色合いの宝石鉱物が見出されて日が浅かった事実に加え、誕生石自体が宝石先進国であった欧米のほぼ完全なコピーであったことによるのでしょう。ジュエリーを身に着けることがあちらのファッションのルールに従うことであったので、これは自然な流れでしょう。こうして制定された従来の誕生石は、宝石が王侯貴族にほぼ独占されてきた時代からの歴史的評価に立って、荘重さと華麗さを併せ持ち、個性の強い存在感抜群の石たちです。ダイアモンドと三大色石——ルビー、サファイア、エメラルド——は、文句なしに代表と言えましょう。

王侯貴族が宝石を独占していた時代でも、女性は主要な宝石ユーザーでありました。しかし、女王様でもない限り、ジュエリーは女性自らの力で得るものではありませんでした。家父長制のもとにある一族のものというべきだったのです。現代の入り口ではＪ・Ｐ・モルガンが代表する富豪たちが宝石コレクターに加わりましたが、本質は変わりません。しかし民間人の大金持ちが宝石を持つことは一般人に宝石が広まることにつながり、宝石を持つことは明らかな富裕層からやがて中間層にまで広がっていきます。この流れには、婚約の証の「誕生石の指輪」が下支えとなったのかもしれません。

日本で誕生石が初めて制定された一九五八年は、高度経済成長の入り口でした。そのころは恋愛結婚であっても型どおり結納を行い、男性側から結納金を贈るのが普通でした。この時期は生活全般の洋風化が進みつつあった時期でもあったため、結納金も少しずつ婚約指輪に置き換わってきました。婚約指輪の宝石は、デビアス社の戦略が当たったのか、ダイアモンドが、四月の誕生石の枠を超えて好まれていましたが、つられるように誕生石を代表に多くの色石たちも活躍の場を広げていきました。しかしまだジュエリーは、男性から女性へのプレゼントであることの多い品でした。

では、現在はどうなのでしょうか？　宝石ユーザーが女性であるのは変わりません。変わったのは、女性自ら買い求めるのが珍しくなくなったことです。かつて独自の経済力を持たなかった女性たちは、今やビジネスの場を含め社会の多方面で活躍するようになりました。そしてその人たちそれぞれが自己の魅力や存在をアピールするワン・ポイントとして、ちょっとしたジュエリーが活用されるようになってきています。それらの中には意中の男性からのプレゼントもあるかもしれませんが、ユーザーである女性自身が求めたものだって少なくありません。ジュエリーを手にするには、ささやかであれ経済力が必要です。現代社会を回す女性たちには、そのハードルが相当に低くなっています。「自分へのご褒美」は、おいしいスイーツや旅行かもしれませんが、同じように最近の宝石需要の源ともなっているのは間違いないでしょう。歩いてみれば街角に、ちょっと贅沢な旅行よりは安価でジュエリーを手に入れられる店を見かけるのが、珍しくなくなっています。

宝石ユーザーである女性が好みに応じて、自身に合うように宝石を選ぶならば、無色のダイアモンドは別にしても、色石の色のバラエティーは実現可能な限り豊かであって欲しいでしょう。新しい誕生石たちは、十分にこの要求を満たしてくれそうです。単に色数を増やしただけではなく、優しく微妙さを感じさせる中間色の宝石が多いことも、そういった色を好む傾向が強い女性たちからは歓迎されそうです。

カジュアル化も背景にあるかもしれません。普段の装いのカジュアル化はいうまでもなく、呼応するようにフォーマル・ウェアも荘重さから距離を置くように変わってきています。こういった変化には、中間色であったり淡色の軽やかな印象の宝石がマッチするのではないでしょうか。新しく選ばれた誕生石たちこそは、この変化にふさわしい石たちであるように私には思われます。

誕生石の今回の改定では、青系の石として従来のブルー・サファイアとアクアマリンに加え、タンザナイトと、青紫色であるアイオライトが仲間入りしました。ブルー・ジルコンも加えてよいかもしれません（ただジルコンは青に限らないのではありますが）。青系の色には、知的なイメージとともに、精神を落ち着かせ引き締める効果があると言われます。ビジネス・シーンにはふさわしいかもしれません。

青系の色の石が何種類も誕生石に選ばれた背景には、ブルー・トパーズの大成功があると見ます。冬の章の「十一月　トパーズ」で記したように、市中に出回るブルー・トパーズのほとんどは人工着色といってもよいような処理品です。一方で新しい誕生石に選ばれた石たちは、これほどきつい処理を経て美しさを獲得しているわけではありません。ほとんど自然な姿のまで使われるアクアマリンに加え、新しく誕生石に仲間入りしたタンザナイトもアイオライトも、ブルー・トパーズとともに、いやそれ以上に受け入れられ愛される存在になってほしいと期待します。

女性らしさを象徴するとされるピンクは今回の改定で初めて誕生石の色となったものです。ピンクは中間色の代表ともいえ、自身の優しさを表現したいときにピンクの石を置いたジュエリーは格好のアイテムでしょう。ピンク色の宝石といえば、従来はルビーの薄色バージョンみたいなピンク・サファイアか、同じくルベライト（紅色のトルマリン）の薄色バージョンくらいしか見当たらなかったのですが、状況はモルガナイトとクンツァイトで変わりました。モルガナイトとクンツァイトは二十世紀に入ってからの発見で、誕生石が制定された頃は宝石としてまだ実績不足でした。両方とも淡いピンク色が中心の色石ですが、クンツァイトでは多色性の効果も手伝ってピンク色はかなり濃い色にまで至っています。服のピンク色には色調に相当大きな幅がありますが、いまや合わせるピンク色の宝石もバラエティー豊かになって、ユーザーの求めに応じられるのではないかと思います。

新しい誕生石には光学的効果の著しい石が多いことも、特徴といえるでしょう。アレキサンドライトの色変わり（カラー・チェンジ）は、微量元素に原因する光の吸収特性が起こしたいたずらです。アレキサンドライトの発見によって鉱物に起きるこういった効果が初めて認識され、その後いろいろな宝石鉱物での色変わり現象の発見につながりました。同じクリソベリルという鉱物ではキャッツアイ効果という全く別の効果も知られており、今回キャッツアイも誕生石の仲間入りを果たしました。キャッツアイ効果は、鉱物結晶の特別な組織、つまり結晶内部に形成された特別の構造と、外部的な繊維状結晶の集合組織とによって発生します。まさに、自然界での鉱物の成長史がもたらす素晴らしい効果であるわけです。

宝石といえばキラキラ感が最大の魅力で、中でも虹の煌めきであるファイアは格別です。スフェーンやジルコンのファイアの魅力は、鉱物自体の著しい光学的分散という特性をファセット・カットという人工が引き出したものです。私は天然の結晶を愛する者ですが、残念ながらファイアに関しては天然の状態では楽しめない――「宝石」の形になって初めて目にすることのできる特性なのです。そしてクンツァイト、タンザナイトとアイオライトの特性である多色性は、ファセット・カットを施した石を揺らめかせることで存分に発揮されます。

こういった光学的効果は、宝石が鉱物であるからこそのものです。特に多色性は光学的異方体を特徴づける性質で、これはクリスタルと称するガラスでは起こり得ません。

ジュエリーが晴れの場に限らずさりげない日常のシーンにも登場するようになった昨今、ガラスにはない、鉱物ならではの特性を魅力とする石たちが新たな誕生石に選ばれたことは、様々な場面でもっと宝石に親しんでほしいという宝石業界の思いが込められているのでしょう。新しく誕生石のラインナップに加わった石たちは、きっと優しく、軽やかに、さりげない装いの中で煌めいて、身に着ける人の姿も心も晴れやかにしてくれると信じています。

おわりに

本書の元となったのは、産総研地質調査総合センターの広報誌『GSJ地質ニュース』に二〇一二年から二〇一四年にかけて連載された「誕生石の鉱物科学」という記事です。電子ジャーナルである『GSJ地質ニュース』はインターネット上で公開されており、バックナンバーはアクセス可能です。[1] 私は地質調査所時代から地質標本館で鉱物の素晴らしさを伝える仕事をしてきたと初めに書きましたが、広報誌が『GSJ地質ニュース』として再出発した当時は研究上の都合で別の部署に移っていました。といっても、文部科学省科学技術週間ポスター「一家に1枚　鉱物」の制作にかかわるなど、鉱物の素晴らしさを伝える仕事との縁は続いていました。そのタイミングで所の広報誌が電子化され、図版がフル・カラーで掲載できるようになったのは、美しい色彩が魅力の鉱物について記事を書くのに絶好であったわけです。「誕生石の鉱物科学」の連載はこうして始まりました。連載にあたっては、当時の地質標本館長であった利光誠一さま（現・産総研地質調査総合センター地質情報基盤センター）およびその傘下のスタッフの皆様に大変お世話になりました。この経験がなければ本書の構想が生まれることはありませんでした。あらためて感謝いたします。「誕生石の鉱物科学」はもう十年以上前の記事であり、当然、新しい誕生石については記述されていません。一方で本書は従来の誕生石の話にはあまり重点を置きませんでしたので、もしその方面の、特に科学に寄った話にご興味ございましたら、インターネット経由で是非ご覧ください。電子出版のメリットを生かして挿図はすべてカラーであり、美しい宝石鉱物の科学の世界に浸ることができます。

本書では、少なからぬ鉱物の画像と説明の挿図を使っています。ダイアモンド結晶のカラー写真は、科学技術週間ポスターの制作でご縁をいただきました山田隆さま（藤寿会ふじクリニック院長・日本鉱物科学会員）によるものです。日本の国石でもある「ひすい」の画像は、フォッサマグナミュージアム（新潟県糸魚川市）からお借りいたしました。それらは、ミュージアムの学芸活動としてひすいとそれにかかわる鉱物を研究してこられた、元館長の宮島宏さま（現・糸魚川ジオパークガイド）の撮影によります。画像の使用にあたっては、フォッサマグナミュージアムの小河原孝彦博士（博物館係主任主事）にご協力をいただきました。青色のガーネットの発見を伝えるジェムズ・アンド・ジェモロジーの画像を発行元のアメリカ宝石学協会（ＧＩＡ）からお借りするにあたっては、GIA-Tokyo の猿渡和子博士にお世話になりました。さらに本書の挿図の制作にあたっては、イラストレーターの坂本光子さまにお手伝いいただきました。以上の皆さまのご尽力に感謝いたします。

この本を世に出すにあたっては、築地書館株式会社に大変にお世話になりました。代表取締役社長の土井二郎さまには企画を拾い上げていただきましたし、多方面のサポートをいただきました。またディクション株式会社の村脇恵子さまには、より読みやすい文章にするべく、細かな校正をしていただき、誠にありがとうございました。デザイナーの秋山香代子さまには、素晴らしいカバーと本文デザインを作成いただきました。国立科学博物館地学研究部長の宮脇律郎さまには、丁寧な原稿チェックまでしていただき、恐縮の限りです。もちろん、本書の内容に不十分な所があれば、それは著者の責任です。

以上、すべての皆さまに改めて感謝して、締めくくりとさせていただきます。

奥山康子

二〇二三年六月

turquoise/)（2023年５月1日確認）

(6) 西洋絵画の画材と技法—青色顔料（http://www.cad-red.com/jpn/mt/pig_blue_xxx.html）（2023年5月16日確認）

(7) 青いガーネットの秘密．奥山康子，誠文堂新光社，2007，235.

(8) 青いガーネット．アーサー・コナン・ドイル．シャーロック・ホームズの冒険（小林司・東山あかね　訳），河出書房新社，1998，pp.249–284.

(9) Blue-green pyrope-spessartine garnet with high vanadium. Sun, Z., Renfro, N.D. and Palke, A.C., Gems and Gemology, 53–3. 2017（https://www.gia.edu/gems-gemology/fall-2017-gemnews-blue-green-pyrope-spessartine）

(10) 絹の石　ムーンストン．秋月瑞彦，虹の結晶，裳華房，1995，pp.72–109.

(11) Flood basalt to rhyolite suites in the southern Parana Plateau（Brazil）: Paleomagnetism, petrogenesis and geodynamic implications. Bellieni, G., Brotzu, P., Comin-Chiaramonti, P., Ernesto, M., Melfi, A., Pacca, I.G. and Piccirillo, E.M., *Jour. Petrol.*, 25, 1984, pp.579–618.

【終章】

(1) Bloodstone（https://geology.com/gemstones/bloodstone/）（2023年4月23日確認）

(2) 日本列島の誕生．平朝彦，岩波新書，1990，236.

(3) 典礼（儀式）・行事．カトリック中央協議会ウェブサイト（https://www.cbcj.catholic.jp/catholic/tenrei/）（2023年5月16日確認）

(4) Iolite-history and lore. GIAウェブサイト（https://www.gia.edu/iolite-history-lore）（2023年3月19日確認）

(5) Legends and folklore of aquamarine, the scared jewel of Neptune. Barnwell, B. Estates in Time.（https://estatesintime.com/2018/02/15/aquamarine/）（2023年5月16日確認）

(6) アクアマリン．宝石選びの基礎知識．青木貴彦，PHP研究所，2007，pp.16–17.

【おわりに】

(1) GSJ地質ニュース．産総研地質調査総合センター（https://www.gsj.jp/publications/gcn/index.html）（2023年5月1日確認）

pp.36–37.
(9) ペリドットの歴史と伝承. GIAウェブサイト（https://www.gia.edu/JP/peridot-history-lore）(2023年4月20日確認)

【第三章　秋】

(1) Basalt petrology, zircon ages and sapphire genesis from Dak Nong, southern Vietnam. Garnier, V., Ohnenstetter, D., Giuliani, G., Fallick, A. E., Trong, T. P., Quang, V. H., Van, L. P. and Schwarz, D., *Mineral. Mag.*, 69, 2005, pp.21–38.
(2) The largest crystals. Rickwood, P.C., *Am. Mineral.*, 66, 1981, pp.885–908.
(3) せかいいちうつくしいぼくの村. 小林豊, ポプラ社, 1995.
(4) 虹の結晶　オパール. 秋月瑞彦, 虹の結晶, 裳華房, 1995, pp.1–71.
(5) Tourmaline the indicator mineral: From atomic arrangement to viking navigation. Hawthorne, F.C. and Dirlam, D.M., *Elements*, 7, 2011, pp.307–312.
(6) Tourmaline: The kaleidoscopic gemstone. Pezzotta, F. and Laurs, B.M., *Elements*, 7, 2011, pp.333–338.
(7) 今吉鉱物標本.「今吉鉱物標本」ワーキング・グループ編, 地質調査所創立100周年記念協賛会, 1983, 74.

【第四章　冬】

(1) Garnet. Rouse, J.D., Butterworths Gem Books, Butterworth-Heinemann, 1986, 134.
(2) ジルコン. GSTV FANウェブサイト（https://gstvfan.jp/knowledges/gembook/zircon）(2023年5月16日確認)
(3) Tanzanite Mines of Merelani；Working the Blueseam；Lotus Gemology（https://www.lotusgemology.com/index.php/library/articles/144-working-the-blueseam-the-tanzanite-mines-of-merelani）(2023年4月23日確認)
(4) Finding of vanadium-bearing garnet from the Sør Rondane Mountains, East Antarctica. Osanai, Y., Ueno, T., Tsuchiya, N., Takahashi, Y., Tainosho, Y., and Shiraishi, K., *Antarctic Record*, National Institute of Polar Research, 34, 1990, pp. 279–291.
(5) ターコイズ（トルコ石）. KAPATZ Gem Magazine（https://karatz.jp/about-

gia-news-research-george-kunz-bibliography）（2023年5月1日確認）
(3) IUPAC Periodic Table of Elements. IUPAC（https://iupac.org/what-we-do/periodic-table-of-elements/）（2023年４月13日確認）
(4) J.P.Morgan-History. GEM SELECT（https://www.gemselect.com/other-info/jp-morgan.php）（2023年3月19日確認）
(5) ブリリアント・カット．Bridge Antwerp. BRILLIANT GALLERYウェブサイト用語集（https://bridge-antwerp.com/yougo/22470.html）（2023年3月19日確認）
(6)「永遠の輝き」は本物か？―婚約指輪の始まり．エイジャー・レイデン（和田佐規子 訳），宝石　欲望と錯覚の世界史，築地書館，2017，pp.49–80.
(7) ダイヤモンドの語られざる歴史．ラシェル・ベルグスタイン（下　隆全 訳），国書刊行会，2019，408.
(8) Geological map of Asia, scale 1:5,000,000. Teraoka, Y. and Okumura, K.（eds.），Geological Survey of Japan, AIST, 2010.
(9) とっておきのヒスイの話（第3版）．宮島宏，フォッサマグナミュージアム，糸魚川市教育委員会，2010，95.

【第二章　夏】

(1) ルビーとよばれたスピネル．岩石と宝石の大図鑑．ロナルド・ルイス・ボネウィッツ（青木正博 訳），誠文堂新光社，2007，p.157.
(2) コート・ド・ブルターニュ．DNPアートコミュニケーションズ（https://images.dnpartcom.jp/ia/workDetail?id=RMN89001738）．（2023年3月19日確認）
(3) ローガン・サファイア（Logan Sapphire | Smithsonian National Museum of Natural History（si.edu））（2023年4月20日確認）
(4) オリーブとは．Olive Marketウェブサイト（https://olive-ya.com/olives.html）（2023年5月1日確認）
(5) The chemical composition of the Earth. Allègre, C.J., Poirier, J.P., Humler, E. and Hofmann, A.W., *Earth Planet. Sci. Letters*, 134, 1995, pp.515–526.
(6) 地球の化学組成．圦本尚義，地学雑誌，131，2022, pp.163–177.
(7) The composition of the continental crust. Wedepohl, K.H., *Geochim. Cosmochim. Acta*, 59, pp.1217–1232.
(8) メンデレーエフを最後まで悩ませた元素の一群．Newton別冊「完全図解周期表」．玉尾晧平・桜井弘・福山秀敏（監修），ニュートンプレス，2007，

文　献

【全体を通して】

・アヒマディ博士の宝石学．阿依アヒマディ，アーク出版，2019，272．

・地球化学．佐野有司・高橋嘉夫，現代地球科学入門シリーズ12（大谷栄治・長谷川昭・花輪公雄　編集），共立出版，2013，336．

・Dictionary of Gems and Gemology. Manutchehr-Danai, M., Springer, 2000, 565.

・GIA宝石百科事典（https://www.gia.edu/JP/birthstones）

・偏光顕微鏡と岩石鉱物（第２版）．黒田吉益・諏訪兼位，共立出版，1983，390．

・宝石のはなし．白水晴雄・青木義和，技報堂出版，1989，190．

・鉱物学．森本信男・砂川一郎・都城秋穂，岩波書店，1975，662．

・鉱物学概論．秋月瑞彦，裳華房，1998，326．

・鉱物結晶図鑑．松原聰（監修）・野呂輝雄（編著），東海大学出版会，2013，232．

・鉱物・宝石の科学事典．日本鉱物科学会（編集）・宝石学会（編集協力），朝倉書店，2019，664．

・Newton別冊「完全図解 周期表」．玉尾晧平・桜井弘・福山秀敏（監修）ニュートンプレス，2006，155．

・世界の天然無処理宝石図鑑．柏書店「無処理宝石図鑑」編集室，柏書店松原，2005，147．

・図録「特別展　宝石　地球がうみだすキセキ」．国立科学博物館，2022，268．

【はじめに】

(1) 63年ぶりの誕生石改定（https://zho.or.jp/news/566/）（2023年3月19日確認）

【第一章　春】

(1) クンツ博士（George Frederick Kunz）．Bridge Antwerp BRILLIANT GALLERYウェブサイト用語集（https://bridge-antwerp.com/yougo/21811.html）（2023年5月1日確認）

(2) George F. Kunz Bibliography. GIAウェブサイト（https://www.gia.edu/

【著者紹介】
奥山康子（おくやま　やすこ）
東北大学大学院理学研究科を修了し、通商産業省工業技術院地質調査所（現在の産業技術総合研究所地質調査総合センター）に勤務。1989年に変成岩岩石学の研究で博士（理学）の学位を取得（東北大学）。鉱物に関する幅広い知識と経験をもとに、地圏を対象とする研究と研究開発に取り組む。また、産総研地質標本館を舞台に、地球と鉱物についてのアウトリーチ活動で活躍した。文部科学省科学技術週間ポスター「一家に1枚　鉱物」（2013年）の制作グループ代表。日本鉱物科学会会員。著書に『青いガーネットの秘密』『CO_2のきほん』（いずれも誠文堂新光社）、『日本の岩石と鉱物』（東海大学出版会、分担執筆）、『鉱物・宝石の科学事典』（朝倉書店、分担執筆）など。趣味は猫で、通じる猫語を話せると自認している。

深《ふか》掘《ぼ》り誕生石

宝石大好き地球科学者が語る鉱物の魅力

2023年7月14日　初版発行

著者　奥山康子
発行者　土井二郎
発行所　築地書館株式会社
〒104-0045　東京都中央区築地7-4-4-201
☎03-3542-3731　FAX03-3541-5799
http://www.tsukiji-shokan.co.jp/
振替 00110-5-19057
印刷製本　シナノ印刷株式会社

装丁・本文デザイン　秋山香代子

　ISBN 978-4-8067-1654-9